KB114446

도시 오목눈이 성장기

도시 오목눈이 성장기

펴낸날 2023년 5월 1일 초판 1쇄
2024년 7월 10일 초판 2쇄
지은이 오영조

펴낸이 조영권
만든이 노인향
꾸민이 ALL design group

펴낸곳 자연과생태
등록 2007년 11월 2일(제2022-000115호)
주소 경기도 파주시 광인사길 91, 2층
전화 031-955-1607 팩스 0503-8379-2657
이메일 econature@naver.com
블로그 blog.naver.com/econature

ISBN 979-11-6450-053-6 43490

도시 오목눈이 성장기

글·사진 오영조

자연과생태

머리말

2016년 10월 11일. 벼가 누렇게 익어 들녘이 온통 황금빛으로 물든 가을날 파주 공릉천을 찾았습니다. 비둘기조롱이를 보려고요. 전깃줄에 듬성듬성 앉아 잠자리 날개를 떼어 버리고 몸통을 먹는 비둘기조롱이를 신기하게 관찰하고 있는데, 일행이 검은머리촉새가 있다며 빨리 보라고 했습니다. 예전에는 참새처럼 흔했지만 이제는 굉장히 보기 드문 새라고 하면서요. 쌍안경 너머로 본 새는 참새와 크기가 비슷한 수컷이었습니다.

누렇게 익은 벼 나락을 먹는 그 모습과 이름이 뇌리에 박힌 듯 내내 머릿속을 맴돌았습니다. 그 이후로 새를 바라보는 시선이 조금 달라졌습니다. 지금은 주변에서 흔하게 보는 새도 어느 순간 사라질 수 있겠다는 생각이 자꾸 들어서요. 그때부터 동네에 사는 여러 새를 관찰하며 생태를 기록하기 시작했습니다.

오목눈이를 처음 만난 건 한겨울인 1월이었습니다. 눈이 시릴 만큼 날씨는 춥지만 또 그만큼 맑은 날, 멀리서 들려오는 새소리가 귀에 꽂혔습니다. "즈르즈르"거리는 낮은 음이 제게는 무척이나 편안하게 들렸습니다. 어떤 새인지 궁금해 소리를 따라다니다가 드디어 분주하게 움직이며 먹이 활동하는 모습을 마주한 순간! 정겹고 투박한 소리만 듣고는 상상하기 어려울 만큼 앙증맞은 생김새를 보고는 오목눈이에 홀딱 반했습니다.

이 책은 지난 4년 동안 오목눈이를 집중 관찰한 기록을 엮은 것입니다. 오목눈이는 워낙 작기도 하고, 참외 모양 둥지를 나무 깊숙이 틀며, 입구를 둥지 위쪽에 자그맣게 내기 때문에 관찰하기가 쉽지 않아요. 둥지 입구 찾기가 숨은그림찾기보다 더 어려운 것 같습니다. 그래서 관찰 기간 내내 입구를 찾지 못하다가 마침내 발견한 날은 잊을 수가 없어요. 이날부터는 입구가 보이는 곳에 카메라를 설치하고 핸드폰으로 입구 상황을 살폈습니다. 기술 발달 덕분에 새를 방해하지 않고 번식 생태를 자세하게 관찰, 기록할 수 있었습니다. 얼마나 고마운 일인지요.

오목눈이 생태를 관찰하고 기록하는 일은 꽤 고됐습니다. 하지만 오목눈이 부부가 서로 격려하며 둥지를 짓는 모습, 알을 낳고 나온 암컷에게 수컷이 먹이를 먹여 주는 모습, 아직 제대로 눈도 뜨지 못한 새끼들이 어미 소리를 듣자마자 부리를 쩍쩍 벌리는 모습, 배부른 새끼들이 둥지 입구에서 느긋하게 햇볕을 쬐는 모습, 둥지 바깥으로 머리를 내밀고 있던 새끼들이 머리로 빗방울이 떨어지자 깜짝 놀라 둥지로 쏙 들어가는 모습, 새끼가 머리깃을 부풀리고 날개깃을 쭉 펴더니 처음으로 날아오르는 모습, 둥지를 떠난 새끼들이 나뭇가지에 옹기종기 모여 앉은 모습 등을 보다 보면 그간 고생스러움은 싹 잊히고 그저 행복하기만 했습니다.

어떻게 하면 독자 여러분에게 제가 보고 느낀 바를 고스란히 전달할 수 있을지 고민했습니다. 오목눈이의 사랑스러움, 용감무쌍함 등을 내세워 예찬할 수도 있겠지만 그보다는 관찰 과정만을 간결하고 명료하게 남기는 게 좋겠다고 생각했습니다. 오목눈이가 살아가는 여정을 가만히 따라가다 보면 누구나가 알 수 있을 테니까요, 이 작은 새가 얼마나 놀라운 생명체인지를요.

2023년 5월
오영조

차례

오목눈이는 어떤 새일까?

참새목(Passeriformes) 오목눈이과(Aegithalidae) 오목눈이속(*Aegithalos*)에 속하는 텃새입니다. 학명은 *Aegithalos caudatus*이고, 종소명(*caudatus*)은 '꼬리가 긴 새'라는 뜻입니다. 영명도 같은 맥락에서 Long-tailed Tit이고요. 학명과 영명에서 알 수 있듯이 생김새에서 가장 큰 특징은 긴 꼬리입니다. 전체 몸길이가 14cm인데 꼬리 길이는 무려 8cm나 됩니다.

머리 가운데에 희고 넓은 부분이 있습니다. 눈썹선은 검고 넓으며 뒷목까지 이어집니다. 눈테는 노랗습니다. 뺨은 희고 부리는 까맣고 짧습니다. 날개와 꼬리는 검지만 바깥 꼬리깃은 흽니다. 등에는 분홍빛이 섞여 있습니다. 배는 전체적으로 희지만 아랫배와 아랫꼬리덮깃에는 분홍빛이 돕니다. 암수 생김새가 비슷해서 겉모습으로는 둘을 구별하기가 어렵습니다.

보통은 작게 무리를 지어 빠르게 돌아다니지만 번식기가 되면 한 쌍으로만 생활합니다. 대개 나무 위에서 지내며 바닥으로 내려오는 일은 거의 없습니다. 곤충과 씨앗을 주로 먹습니다. 평소에는 낮게 "즈르르 즈르르"거리거나 높게 "스스스스"거립니다. 번식기에는 이보다 더 다양한 소리를 냅니다.

어떻게 살아갈까?

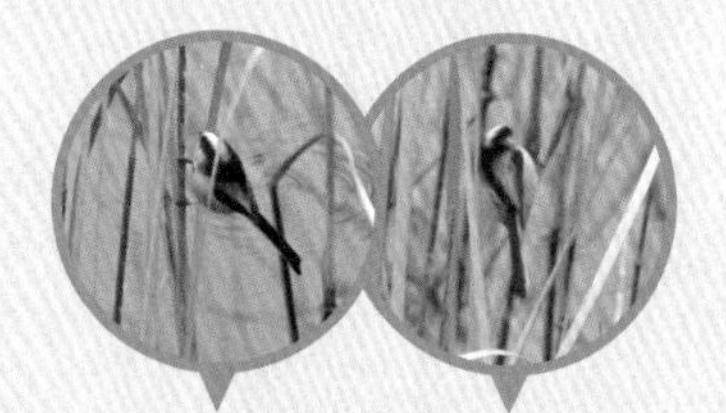

무리 생활, 짝 만남

둥지틀기

산란

1~2월 ··· 초순 3월 중순

이소, 훈련

육추

포란

5월 ··· 중순 4월 초순

독립 후 작은 무리 생활

6~12월

관찰하기

어디서, 어떻게 찾을 수 있을까?

오목눈이는 한곳에 머물러 지내지 않고 작은 무리를 지어 높이 날아다니기 때문에 어딘가에 가만히 앉아 있는 모습을 보기란 쉽지 않습니다. 그래서 동영상이나 오디오 자료*를 찾아 소리를 먼저 익혀 두는 게 좋습니다. 그런 다음 이른 봄에 서양측백나무나 향나무가 있는 곳을 찾아가 보세요. 며칠 꾸준히 주변을 살피며 기다리다 보면 오목눈이가 둥지를 틀고자 오가는 모습을 볼 수 있을 거예요.

오목눈이를 관찰한 동네 공원.
관심을 가지고 유심히 살피기만 한다면
우리와 같은 공간에서 살아가는
이 사랑스러운 이웃을 만날 수 있어요.

*QR 코드를 스캔하면 오목눈이 소리를 들을 수 있어요.
혹시 QR 코드가 열리지 않으면 국립생물자원관 한반도의 생물다양성 (https://species.nibr.go.kr) 사이트로 가서 오목눈이를 검색한 다음 '자세히 보기'를 누르면 됩니다.

관찰할 때 필요한 것

가장 먼저 챙겨야 하는 건 인내심과 집중력입니다. 오목눈이는 아주 작고 바쁘게 움직이는 새여서 끈기를 가지고 집중해서 살피지 않으면 금세 놓치거든요. 게다가 둥지는 위로 뚫린 사발 모양이 아니어서 입구를 찾기도 쉽지 않습니다. 도심에서는 대개 사람 키보다 훨씬 높은 곳에 둥지를 틀기 때문에 쌍안경이나 망원경이 있으면 관찰하기가 수월합니다. 탐조에 어느 정도 익숙해지고 생태를 더욱 자세히 살피고 싶다면 카메라를 설치한 다음 핸드폰을 연결해서 원격으로 관찰할 수도 있습니다.

관찰할 때 주의할 점

관찰자가 있다는 걸 오목눈이가 눈치채지 못하도록 행동하는 게 제일 중요합니다. 옷은 주변 환경과 어울리면서도 어두운 색으로 입고 최대한 조심스럽게 움직입니다. 둥지가 어디 있는지 찾으려고 나뭇가지를 벌리거나 하는 행동은 절대 삼가야 합니다. 운 좋게 둥지를 발견했더라도 둥지나 알은 절대로 만져서는 안 됩니다. 둥지나 알에 남은 사람 체취가 천적을 불러들일 수도 있기 때문입니다.

관찰할 때 유심히 볼 점

3월 초에 거미줄이나 이끼, 깃털을 물고 가는지 잘 살펴보세요. 그런 행동을 보인다면 둥지를 틀고 있다는 뜻입니다. 아주 자세히 관찰하지 않는 이상 산란 시기는 알기 어렵고, 4월 초에 꼬리가 유난히 휘어 있다면 알을 품는 시기라고 보면 됩니다. 새끼를 키우는 시기에는 하루 종일 부리에 먹잇감을 물고 다닙니다. 새끼가 둥지를 나와 훈련하는 모습을 보려면 종일 따라다녀야 하는데 쉽지는 않습니다.

알이나 둥지를 수집해도 될까?

알을 수집하는 건 도둑질이나 마찬가지이므로 절대로 해서는 안 됩니다. 단, 새끼가 모두 자라 떠났거나 알 수 없는 이유로 버려진 지 한참 된 둥지에 알이 남아 있다면 가져와 관찰해 볼 수는 있습니다.

둥지는 새끼가 모두 떠난 뒤 적어도 일주일 정도 지난 뒤라면 가져와도 괜찮습니다. 하지만 꼭 필요한 게 아니라면 그대로 두는 게 가장 좋습니다. 많은 새의 둥지는 곤충을 비롯한 다른 생명의 보금자리가 될 수도 있기 때문입니다.

용어 설명

* 이 책에서는 새를 설명할 때 쓰는 한자말이나 영어 용어를 누구나가 쉽게 알 수 있도록 가능한 우리말로 풀어 썼습니다. 다만, 우리말로 바꿔 쓰기 어려운 곳도 일부 있어 여기에 용어 뜻을 설명해 놓았습니다. 아울러 본문에 나온 우리말 용어도 뜻을 더욱 잘 이해할 수 있도록 풀이해 놓았습니다.

산란(産卵) 알을 낳다.

포란(抱卵) 알을 품다.

부화(孵化) 알에서 새끼가 깨어나다.

육추(育雛) 알에서 깨어난 벌거숭이 새끼를 먹이며 키우다.

이소(離巢) 다 자란 새끼가 둥지를 떠나다.

헬퍼(Helper) 이소 무렵에 새끼들을 도우러 오는 이웃이나 형제자매 새.

어미 엄마, 아빠 새를 구별하기 어려울 때 부모 새를 통칭하는 말.

텃새 일 년 내내 한 지역(나라)에서만 사는 새.

철새 계절에 따라 지역(나라)을 옮겨 다니며 사는 새. 크게 여름 철새와 겨울 철새로 나눈다.

여름 철새 봄철 동남아시아에서 우리나라로 온 뒤 여름철에 우리나라에서 번식한다.

겨울 철새 가을철에 북쪽에서 우리나라로 날아와 겨울을 나고 이듬해 봄에 다시 북쪽으로 돌아간다.

나그네새 북쪽에서 번식하고 남쪽에서 월동하는 새. 우리나라에는 번식하고 월동하는 사이 기간인 봄, 가을에 머물다 간다.

제자리비행(정지비행) 한자리에서 가만히 떠 있듯이 날다.

소리가 들려오다

햇볕이 쨍한 날. 매서운 추위에도 아랑곳하지 않고 멀리서 오목눈이 소리가 들려온다. 여름철에는 잘 보이지 않던 오목눈이는 가을부터 작게 무리를 짓고는 낮은 음으로 "즈르즈르"거리거나 아주 높은 음으로 "쓰쓰쓰 스스스"하며 잠시도 가만히 있지 않고 빠르게 날아다닌다.

오늘도 여섯 마리가 나뭇가지 사이를 요리조리 곡예 하듯 몰려다니며 먹이 활동을 하느라 바쁘다. 햇빛을 받아 등깃과 아래꼬리덮깃의 분홍빛이 더욱 선명하다. 칙칙한 겨울 나뭇가지에 잠시나마 꽃망울이 터진 것처럼 보인다.

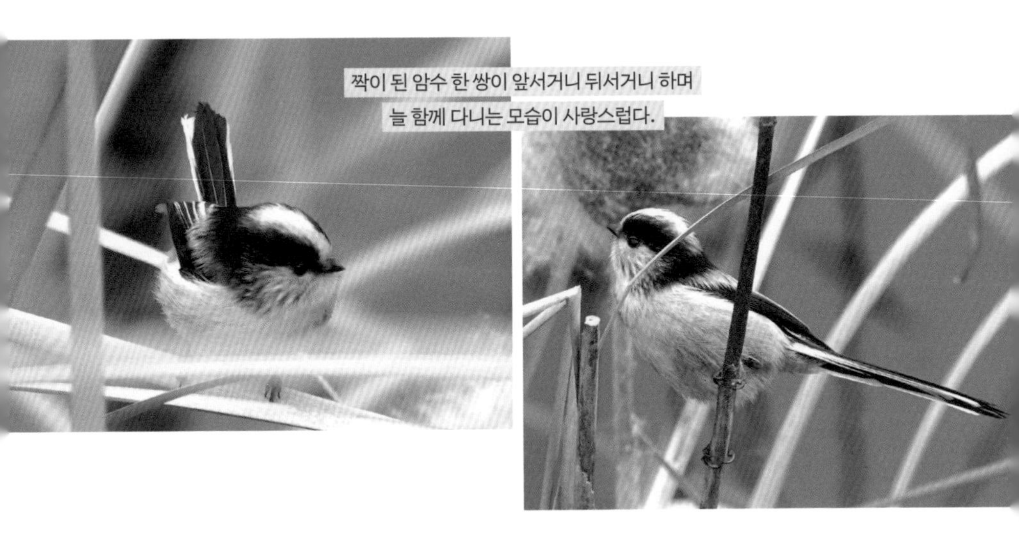
짝이 된 암수 한 쌍이 앞서거니 뒤서거니 하며
늘 함께 다니는 모습이 사랑스럽다.

* 이 책에서 나타낸 오목눈이 소리는 저자의 주관에 따른 표현으로, 사람에 따라 다르게 들릴 수 있습니다.

DATE : 2월 24일

2월 중순부터 오목눈이는 "스르릉 스르릉"하는 소리를 낸다. 이 소리가 들려오는 곳을 보면 늘 오목눈이 쌍이 있다. 단순히 의사소통하는 "즈르즈르"에서 시작해 점점 톤이 높아지며 경쾌해지다가 이윽고 봄바람처럼 보드라워진다. 아마도 이 소리는 오목눈이의 세레나데인 듯하다. 달콤하게 노래한 뒤에 오목눈이 쌍은 앞서거니 뒤서거니 살랑거리며 날아간다. 스트로브잣나무에서 한참 머물던 두 마리가 밖으로 나오더니 분주하게 돌아다닌다. 이 주변에서 둥지를 틀려는 모양인데, 이곳은 직박구리가 시도 때도 없이 들락거리는 터라 제대로 둥지를 틀 수 있을지 모르겠다.

DATE : 3월 3일

오늘도 다정히 "스르릉 스르릉"거리는 소리가 들린다. 며칠 전부터 주변을 살피던 오목눈이 한 쌍이 족구장 울타리 향나무에 둥지를 틀려고 줄기 사이에 기초 작업을 해 놓았다. 이제 막 둥지를 지으려는 참이라 방해를 받는다고 여기면 작업을 포기할 수도 있기 때문에 멀리서 관찰하는 것도 조심스럽다.

둥지를 틀다

수집 1

2018년 서양측백나무에 튼 둥지에서는 새끼 여덟 마리가 자랐다. 다 자란 새끼가 둥지를 떠나고(이소) 3개월이 지난 8월에 둥지를 가져왔다. 둥지 두께는 1~1.5cm로 두툼하고, 문턱이 2cm로 다른 둥지에 비해 두껍다. 시간이 흐르면서 이끼가 말라 전체적으로 약간 오그라든 탓에 새끼가 있던 때보다는 크기가 조금 작아졌다. 이 둥지 안에는 쌍살벌 집도 달려 있다.

오목눈이가 정성스레 짓고 살다 간 둥지에
쌍살벌이 살았던 흔적도 고스란히 남았다.

수집 2

2022년 테니스장 울타리에 튼 둥지에서도 새끼 여덟 마리가 자랐다. 이소 후 2주가 지난 5월 21일에 둥지를 가져와 꼼꼼하게 살폈다. 둥지는 꼭지가 아래로 내려온 참외처럼 생겼다. 전체 두께는 1cm 정도이지만 바닥은 2~3cm로 두껍게 해 놓았다. 무게는 500g이 채 되지 않는다. 총 길이는 16cm이고 입구부터 바닥까지는 11cm 정도가 된다. 둘레는 알 낳을 자리가 32cm로 가장 넓고, 바닥에서 4cm 높이에서는 23cm이다. 입구는 위에서 2cm 정도 내려온 곳에 동그랗게 냈고 가로세로 지름이 2.7cm이다. 참고로 쇠딱다구리 둥지 입구는 지름 3cm다. 입구 둘레는 8cm이며, 입구 모양을 유지할 수 있도록 거미줄을 겹겹이 엮어 놓았다. 이 부분을 모자 헤드밴드라고 하면 여기서 모자챙처럼 조금 앞으로 튀어나오게 만들어 놓았다(둥지를 트는 모양에 따라서는 입구가 전혀 튀어나오지 않은 경우도 있다). 입구 문턱은 두께가 1.5cm 정도이며, 드나들면서 문턱이 닳아 입구가 벌어지거나 찢어지는 일이 없도록 거미줄로 탄탄하게 박음질해 놓았다. 알 낳을 자리는 둥지 아래에서 7cm 정도 되는 높이에 제일 넓게 만든다. 바닥부터 깃털을 빼곡하게 쌓아 올리되 뒤쪽을 조금 더 높여 약간 비스듬하게 했다.

둥지 외형은 이끼와 거미줄을 아주 많이 써서 단단하게 잡았다. 탄탄하게 기초 공사를 한 다음 마른풀이나 거미 알집, 깃털을 차곡차

서양측백나무에 튼 둥지(2013년 5월 22일)

곡 쌓아 꼭꼭 눌러 견고함을 더했다. 사이사이에 날개 달린 씨앗(민들레와 박주가리)도 보인다. 둥지가 흔들리지 않도록 원줄기에서 뻗어 나온 나뭇가지 세 개와 둥지를 거미줄로 튼튼하게 감았다. 그런 다음 둥지 전체는 거미줄로 얼기설기 엮어 놓았다. 하지만 둥지 중간 알 낳을 자리를 만드는 위치에는 이끼가 벌어지지 않도록 거미줄을 가로로 촘촘하고 탄탄하게 감아 놓았다. 이렇게 야무지게 둥지를 짓고자 얼마나 날갯짓을 했을까?

둥지가 흔들리지 않도록 나뭇가지와
둥지를 거미줄로 탄탄하게 감아 놓았다.

원형 그대로 남은 둥지

둥지 천장이 뚫려 있어 새끼들이 머리를 내민 흔적이 고스란히 남아 있다. 둥지 허리춤에는 뚫린 흔적이 없다. 둥지 한가운데에는 암컷이 알을 품으면서 그리고 새끼들이 자라면서 나온 여러 분비물과 수많은 깃털이 엉켜 있다. 분비물에 엉킨 깃털 밑으로는 뽀송뽀송한 깃털이 원형 그대로 남아 있다. 5시간에 걸쳐 둥지 안에 있는 깃털을 세어 보니 3,150개였다. 둥지 속 전체를 깃털로 둘렀으며, 이 중 거의가 깃축이 부드러운 솜털이고 16개만이 깃축이 조금 빳빳했다. 안타깝게도 이 속에는 죽어 말라 버린 새끼 한 마리가 묻혀 있었다.

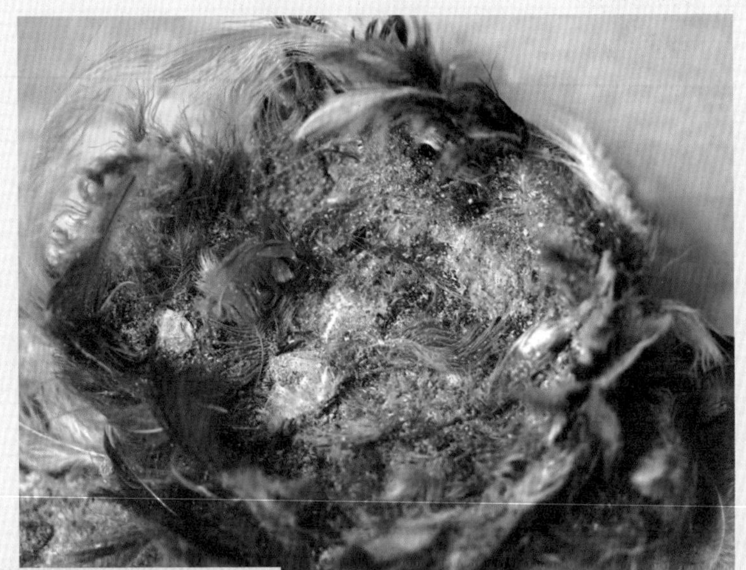
알을 낳고, 품고, 새끼를 길러 낸 자리

둥지 안에 남아 있던 깃털은 놀랍게도 3,000개 이상이었으며 거의가 보드라운 솜털이었다.

깃축이 빳빳한 깃털은 겨우 16개였다.

깃털 외에 박주가리 씨앗, 마른 풀줄기도 들어 있었다.

짝을 찾으려는 새들의 노래자랑 대회가 끝날 줄 모른다. 노랫소리를 들으며 바닥을 보는데 파릇한 이끼가 휑하게 없어진 곳이 군데군데 눈에 띈다. 이렇게 이른 시기에 누가 이끼를 가져간 거지? 30분을 기다리니 까치가 이끼를 들춰 흙을 물고 가고 또 20분 뒤에는 오목눈이 두 마리가 꼬리 따로 머리 따로 쉴 새 없이 움직이며 잽싸게 이끼를 물어 간다.

은행나무에 자란 이끼도 챙겨 간다.

QR 코드를 스캔하면
오목눈이가 이끼를 물고 가는
영상을 볼 수 있어요.

DATE : 3월 5일

작년에는 내가 바라볼 때 오른쪽에서 세 번째 향나무에 오목눈이 부부가 둥지를 틀었는데 올해는 왼쪽에서 세 번째 향나무에서 오목눈이가 들락거린다. 혹시 작년에 번식한 부부인지 궁금해진다.

지금까지 이 공원에서 오목눈이 둥지를 관찰한 건 일곱 번이다. 한 번은 신갈나무 Y자형 줄기 사이에 그리고 나머지 여섯 번은 서양측백나무와 향나무에 둥지를 틀었다. 스트로브잣나무에서는 둥지를 지으려다 중간에 포기한 걸 본 적이 있다. 까치와 직박구리의 방해를 덜 받고, 위협적으로 나무를 타는 청설모를 피하기에는 서양측백나무나 향나무가 적당한 건가 싶었는데 2018년에 서양측백나무 둥지가 습격을 받은 이후로는 향나무를 더 선호한다.

R

신갈나무 Y자형 줄기에 튼 둥지

습격을 당한 둥지 주변. 침입자(주변에 자주 나타나던 청설모일 가능성이 크다)는
오목눈이 부부가 애써 지은 둥지를 파헤쳐 알을 먹어 치웠다.
그 탓에 둥지 안에 있던 깃털이 사방으로 날렸다. 당시 오목눈이 부부가
울부짖던 소리가 지금도 귓가에 맴도는 듯하다.

이른 아침, 오목눈이 광장(공원 족구장을 나는 이렇게 부른다)으로 나가니 멀리서도 오목눈이의 "즈르즈르"하는 소리가 활기차게 들린다. 오목눈이 부부가 마른풀과 거미줄을 물고 앞서거니 뒤서거니 날며 둥지 쪽으로 날아온다. 한 마리가 먼저 향나무 속으로 들어가 작업을 하고 나오면 상수리나무에서 대기하던 나머지 한 마리가 들어가 작업을 이어 간다. 그리고서 나오면 다시 둘이 같이 "즈르즈르"거리며 멀리 날아간다. 이 과정을 쉼 없이 반복한다.

그 틈을 타서 향나무로 가까이 디가기 한참을 헤매다가 고개가 아픈 지경에 이르러서야 겨우 둥지를 찾았다. 향나무 원줄기와 뻗어 나간 가지가 겹겹인 곳에 있어 한 발짝만 물러서도 둥지가 보이지 않는다. 오목눈이의 영리함에 절로 감탄이 나온다. 이끼로 밑둥지를 만드는 작업은 제법 진행됐고 이제 밥그릇 모양으로 둥지를 올리는 중인가 보다. 원줄기에서 뻗어 나간 가지에 이끼와 거미줄이 엉켜 있다. 가지 껍질이 거칠어 이끼를 갖다 놓기만 했는데도 떨어지지 않는다.

둥지 입구를 찾는 건
숨은그림찾기보다 어렵다.

오목눈이 둥지가 있는 향나무에 향나무 열매를 좋아하는 직박구리가 아예 터를 잡고 놀고 있다. 주변 벚나무에 잠시 내려앉은 딱새도 쫓아내고 둥지 재료를 물고 가다 잠시 쉬는 방울새도 그냥 두지 않는다. 직박구리 서너 마리가 주변을 헤집고 다니니 오목눈이는 얼마나 짜증스러울까. 그나마 다행인 건 향나무 열매는 둥지가 있는 안쪽보다는 바깥 가지에 많이 달렸다.

직박구리.
얼마나 맛있으면 향나무 열매를
한 번에 세 개씩이나 따 먹을까?

오목눈이는 둥지 재료를 물고 오다가 둥지 근처에서 강아지를 데리고 산책하는 사람이나 고양이를 발견하면 뒤따라오는 짝꿍에게 "쓰르르릉"거리며 경계 소리를 낸다. 그리고는 둥지로 바로 가지 않고 주변 풀숲이나 나무에 급히 숨는다. 둥지를 들키지 않으려는 행동이다.

오목눈이(오른쪽)는
향나무 열매를 먹으러 온 직박구리가
너무 너무 신경 쓰인다.

둥지 외형이 쑥 올라왔다. 밥그릇처럼 둥그스름한 외형은 마른풀과 이끼를 차곡차곡 위로 쌓고 풀리지 않게 거미줄로 꼼꼼하게 작업해 놓았다. 햇살이 들어오니 거미줄로 만든 둥지 외형이 갓등처럼 밝아진다. 아직 둥지 외형에 이끼 작업을 마무리하지 않았을 때 나타나는 현상이다.

이제 오목눈이 부부는 다양한 재료를 물고 둥지 안으로 들어간다. 깃털은 둥지 바닥에 집중적으로 집어넣는다. 높이 쌓은 바닥 테두리를 부리로 넓히는 작업을 끊임없이 한다. 재료로 쓴 거미줄이니 알집에 신축성이 있어 확장 가능하다. 부드러운 재료를 단단하게 하려고 꼬리를 위로 치켜세우고 가슴으로 누르는지 둥지가 들썩거린다. 작업을 하고 나오는 오목눈이를 보면 가슴 주변 깃털이 헝클어져 깃 안쪽 회색이 많이 보인다.

둥지 바닥을 어느 높이만큼 다지고 나면 알 낳을 자리를 넓힌다. 알을 낳고 품고 새끼를 키우는 곳이기에 겉보기와 달리 아주 넓다. 동시에 둥지 뒷부분을 높이며 둥글게 천장을 만들어 간다. 이어서 꼭대기 부분을 아래로 내리면서 지붕을 만들고, 양쪽 옆면을 안쪽으로 둥글게 해서 입구 틀도 잡아 간다. 입구는 어미가 들락거리고 새끼들이 고개 내미는 걸 고려해 넓고 단단하게 만들어야 한다. 세세하게 다듬으려면 갈 길이 멀다. 대개 오후 3시 무렵까지 130번 정도 둥지를 오간다. 마른풀이나 거미줄 같은 재료는 근처에서 흔하게 구할 수 있지만 깃털은 멀리 호수 쪽으로 가야 구할 수 있기 때문에 시간이 더 걸린다. 오후 3시 30분이 지나면 둥지 작업은 거의 하지 않는다.

보통은 부부가 함께 아주 열심히 둥지를 짓지만 간혹 한 마리가 불성실할 때도 있다. 작업에 몰두하기보다는 사랑스럽게 "삐르르릉"거리며 작업하는 짝꿍을 나오라고 재촉한다.

나무껍질 속에 있는 거미 알집

산철쭉 가지
여기저기 달린 거미줄을
순식간에 걷었다.

바람에 날리는 박주가리 씨앗을 잽싸게 물었다.

피라칸타 나무 아래서 깃털을 세 개나 주웠다.

박주가리는 씨앗을 바람에 날려 보내며 퍼지기 때문에 비가 오는 날은 열매 문을 닫아 씨앗을 보호한다. 채 열매 속으로 들어가지 못한 씨앗 하나를 오목눈이가 잽싸게 낚아채 둥지로 가져간다. 비가 오는 날은 오목눈이도 작업을 하지 않는지 둥지 근처로 잘 오지 않는다.

박주가리

햇살 쨍한 맑은 날
열매를 활짝 열어 씨앗을 날린다.

비가 오는 날은 열매를 닫아
씨앗을 보호한다.

둥지 짓는 시기에도 새벽같이 움직이는지 궁금했다. 아직 춥고 어두운 3월 오전 6시 30분. 소리도 없이 한 쌍이 둥지로 날아온다. 어느 방향에서 날아온 건지 감이 잡히지 않는다. 밤사이 둥지가 무사했는지 확인하려는 듯 몇 초 간격으로 둥지를 둘러보고는 재료를 구하러 날아간다.

이제는 둥지 내부 작업도 얼추 마무리되어 가는지 깃털보다 이끼와 거미줄을 더 많이 물어 나른다. 부부 중 한 마리는 재료를 제 얼굴 크기만 하게 둥글게 말아 앞이 보일까 싶을 정도로 물고 오고 짝꿍은 그보다 적게 물고 온다. 그 모습이 앙증맞다. 늘 그렇듯 한 마리가 먼저 둥지로 들어가 작업한 뒤에 나오면 주변을 경계하던 짝꿍이 이어 들어가 마저 작업을 한다. 오전 6시 30분부터 8시 30분까지 2시간 동안 58번을 들락거렸다.

R

DATE : 3월 14일

어제 오후에 비가 내린 탓인지 오늘은 날씨가 흐리다. 비구름이 잔뜩 걸려 있다. 오전 6시에 둥지에 가 보니 딱새 소리만 들린다. 썩 잘 부르는 것 같지는 않지만 아름답다. 8시가 지나서야 오목눈이 부부가 "스스스"거리며 나타나 앞서거니 뒤서거니 하며 근처 나무에 내려앉는다. 둥지를 한번 둘러본 뒤에 깃털과 거미줄을 물어 나른다. 작업 속도가 더뎌진 걸 보니 둥지가 거의 완성된 모양이다. 낮 12시까지 6번 정도 오갔다.

DATE : 3월 16일

1시간을 관찰했는데 깃털을 물고 딱 한 번 왔다. 둥지가 거의 완성된 무렵에는 불필요하게 둥지를 오가지 않는다. 자칫하면 천적이 둥지를 알아챌 수 있기 때문이다. 오후 5시 40분경 오목눈이 부부가 둥지가 있는 향나무로 잽싸게 들어간다. 기다려도 나오지 않는다.

DATE : 3월 17일

오전 5시 30분. 어제 향나무로 들어간 오목눈이 부부가 너무나 궁금해서 새벽을 달렸다. 아무것도 보이지 않는다. 오전 6시 30분이 되자 한 마리가 향나무에서 나온다. 그리고 바로 짝꿍이 나온다. 그런데 두 마리 다 꽁지가 휘었다. 지금까지 관찰해 온 바에 따라 알을 품는 암컷만 꽁지가 휜다고 생각했는데 오늘 보니 수컷도 꽁지가 휜다! 앞으로는 꽁지가 휜 것만 보고 암수를 판단하지 말아야겠다. 오후 5시 40분에 두 마리가 둥지 안으로 들어간다.

둥지를 완성한 오목눈이 부부는 둥지 안에서 밤을 보낸다. 오목눈이만의 특이 행동 같다. 오목눈이처럼 바깥에서 안이 보이지 않게 둥지를 짓는 까치나 딱다구리 종류는 둥지에서 암수가 함께 밤을 보내지 않는다. 3월 16일 이후 보인 행동으로 혹시 일시적인 건가 싶어 쭉 관찰했는데 계속 같은 행동을 했다. 둥지를 짓느라 쓴 에너지를 충전하고, 4~5일을 함께 지내며 신뢰를 쌓은 뒤에 알을 낳는 거였다. 현명하다.

알을 낳다

봄철 새들이 짝짓기하는 모습은 종마다 별반 다르지 않다. 짝짓기는 순간 일어나는 일이라 그 장면을 관찰하기란 정말 쉽지 않지만 꾸준히 관찰하다 보면 얼떨결에 보는 날이 있다. 눈에 잘 띄지 않을 뿐 알을 낳기 전부터 알을 낳는 동안에도 꾸준히 짝짓기를 한다. 오목눈이는 앙증맞은 생김새 때문인지 짝짓기하는 모습이나 알을 낳은 짝꿍에게 선물로 먹이를 주는 모습이 더 사랑스럽게 보인다.

DATE : 3월 21일

산란 1일째. 비 온 뒤 쌀쌀한 날이다. 산수유 노란 꽃이 피었다.

오전 6시 16분에 둥지 안에서 오목눈이 한 마리가 먼저 나오고, 시차를 두고 6시 30분에 짝꿍도 나온다. 둘이 함께 멀리 호수 방향으로 날아간다. 2시간쯤 뒤 8시 20분에 오목눈이 한 쌍이 오목눈이 광장 안으로 들어온다. 서양측백나무에서 "스릅스릅"거리며 쉼 없이 먹이 활동을 하면서 앞서거니 뒤서거니 날아온다.

오전 8시 45분. 한 마리가 양버즘나무에 내려앉고 짝꿍도 내려앉더니 갑자기 짝짓기를 한다. 몇 초 그러더니 암컷이 알을 낳으려고 둥지로 들어간다. 수컷은 둥지 입구로 내려앉았다가 다시 상수리나무로 날아가 짝꿍을 기다린다. 암컷이 알을 낳고 나오니 수컷이 먹이를 먹여 준다. 둘이 다정히 오목눈이 광장 너머로 멀리 날아가더니 몇 시간째 돌아오지 않는다.

낮 12시 10분쯤 오목눈이 한 쌍이 깃털을 물고 와 상수리나무에 내려앉는다. 둘이 똑같이 깃털 세 개를 왼쪽 방향으로 향하게 물고 왔는데 그 모습을 사진으로 담지 못해 아쉽다. 한 마리가 먼저 둥지로 들어가 깃털을 넣은 뒤 상수리나무에서 기다리던 짝꿍과 교대한다. 알을 낳는 시기에도 깃털을 계속 물어 나른다는 걸 알 수 있다. 먼저 나온 오목눈이는 기다렸다 꼭 짝꿍과 함께 다정히 날아간다.

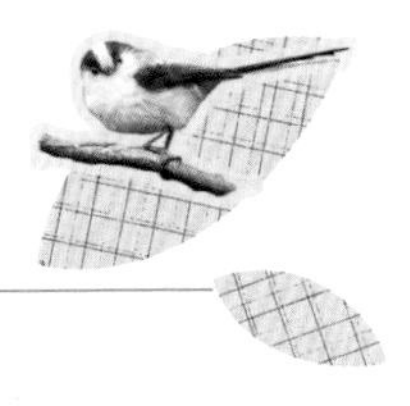

산란 2일째. 오전 6시 오목눈이 광장에 도착해 보니 수컷은 둥지에서 나와 있다. 암컷은 둥지 안에서 몇 분을 머뭇거리다 6시 22분에 나온다. 둥지를 나온 부부는 은행나무로 날아가 앉았다 다시 상수리나무로 내려앉기를 여러 차례 반복하며 둥지 근처를 꼼꼼하게 살핀다. 둥지를 나온 지 8분 만에 암컷이 다시 둥지 입구에 내려앉더니 1분 동안이나 주변을 살핀 뒤에야 둥지 안으로 들어가 입구로 나와 있던 깃털을 들여놓는다. 수컷은 주변을 경계하다가(까치가 오니 쫓아냈다) 5분 정도 뒤에 암컷이 둥지에서 나오자 함께 멀리 날아간다. 알을 낳고 난 뒤부터 부부는 아주 예민하게 둥지 주변을 경계한다.

이후 몇 시간 동안 부부는 모습을 보이지 않는다. 이웃해서 지내는 곤줄박이 한 쌍, 방울새 대여섯 마리가 보이고, 황조롱이가 제자리비행을 하다 날아간다.

오전 9시 40분쯤 오목눈이 소리가 들린 지 1분도 되지 않아 한 마리가 은행나무로 내려앉는다. 다시 향나무로 갔다 양버즘나무로 내려앉을 때 짝꿍 오목눈이도 날아온다. 곧바로 암컷이 둥지로 들어가고 수컷은 둥지 입구에 내려앉았다 다시 둥지 뒤쪽에 있는 은행나무로 올라간다. 2분 뒤 알을 낳고 나온 암컷이 상수리나무로 날아가니 수컷도 따라 날아간다. 수컷은 상수리나무에서 암컷에게 먹이를 먹여 주고는 양버즘나무로 날아갔다 다시 둥지 입구에서 서성인다. 안절부절못하며 주변을 경계하는 모습이다.

오전 10시 무렵 둥지 근처로 여러 사람이 온다. 이곳은 사람들이 오가는 곳이 아닌데 관리인들이 둘러보러 온 모양이다. 사람들이 둥지에 가까워질수록 부부는 양쪽에서 경계하는 소리를 격렬하게 낸다. 관리인들은 전혀 신경을 쓰지 않고 하던 일을 하고 간다. 지켜보는 나도 다 애가 타는데 부부 심정은 오죽할까? 사람들이 떠나자 부부는 바로 둥지를 살펴본 뒤 멀리 날아간다.

오후 1시쯤 부부가 동시에 둥지 위쪽 은행나무로 내려앉는다. 이번에는 깃털을 물고 오지 않았다. 역시나 한 마리가 먼저 둥지로 갔다가 상수리나무로 날아가니 은행나무에서 기다리던 짝꿍도 따라 날아간다. 스트로브잣나무 솔가지에 붙은 곤충 알집을 헤집다 솔잎이 떨어지자 따라서 바닥으로 내려앉는다. 그렇게 정신없이 먹이 활동을 한 뒤 다시 한 마리가 둥지를 다녀오며 "스르르릉 스르르릉" 사랑스러운 소리를 낸다. 둘이 둥지 근처를 번갈아 오가더니 멀리 날아가고는 한참 동안 둥지로 돌아오지 않는다. 요즘 오목눈이 부부의 일상이다. 둥지 입구는 깃털로 막아 놓았다. 보온과 위장 기술이 제법이다.

오후 6시 25분이 지나서 "스릅스릅 즈르즈르"거리며 부부가 다정히 날아온다. 깃털을 물고 온 수컷이 곧바로 둥지로 들어가 깃털을 넣고 나온다. 이때 입구를 막아 놓았던 하얀 깃털이 둥지로 딸려 들어가고, 둥지에 있던 솜털은 딸려 나와 바람을 타고 위로 올라간다.

R

주변에서 먹이 활동을 하다 오후 6시 34분에 날아와 이번에는 암컷이 둥지로 먼저 들어간다. 암컷은 둥지로 들어가기 전에 한결같이 둥지 입구에 내려앉아 주변을 살피기 때문에 늘 얼굴을 볼 수 있다. 1분도 채 되지 않아 수컷이 둥지로 쏙 들어간다. 해가 완전히 지고 오후 7시가 지나자 부부는 둥지에서 나오지 않는다. 바람에 근처 마른 잎이 사그락사그락거려 적막감이 더한다.

산란 6일째. 오전 6시 27분. 수컷이 먼저 둥지에서 나와 주변을 살피고 암컷에게 신호를 보낸다. 부부는 역시나 주변을 순찰한 뒤 다정히 날아간다.

오목눈이를 기다리는 사이에 곤충이 하나둘 모습을 드러낸다. 아침 내내 햇빛을 받아 땅이 데워지는 오전 11시 무렵이면 곤충 몸속의 스위치가 작동하나 보다. 잠자리는 아직 잠에서 덜 깼는지 비틀거리며 자꾸 땅으로 내려앉고, 뿔나비도 힘없이 햇살이 닿는 곳으로 내려앉기를 반복한다. 이때 갑자기 향나무 열매를 먹던 직박구리가 뿔나비에게 돌진한다. 뿔나비는 내동댕이쳐지듯 내 앞으로 떨어진다. 덕분에 뿔나비는 살아남고 직박구리는 눈앞에서 먹이를 놓쳤다. 어른벌레로 겨울을 난 탓에 뿔나비는 날개가 성한 곳이 없다. 그 날개로 다시 날아오르기는 하지만 제대로 살아남을 수 있을지 걱정된다. 날벌레들이 현란하게 움직이며 군무를 춘다. 살아남고자 모여드는 작은 생명들에게서 폭발할 것 같은 에너지가 느껴진다. 발아래 덤불에는 땅을 기어 다니는 거미와 개미가 많다. 저마다 생김새도 다양하다. 새들이 괜히 땅에 내려와 사냥을 하는 게 아니었다.

어른벌레로 겨울을 보내고 봄을 맞이한 뿔나비.
성한 데 없는 날개가 혹독했던
지난겨울을 말해 주는 것 같다.

그나저나 내 발에 밟힌 생명은 또 얼마나 많을까?

둥지를 떠난 지 몇 시간이 지났는데도 오목눈이 부부가 보이지 않는다. 보통은 중간에 한두 번은 둥지로 와서 깃털을 넣고 가는데. 내가 깜빡 조는 사이에 왔다 갔을까?

딱새가 카메라에 내려앉는다. 딱새는 이 카메라가 마음에 드나 보다. 거의 한 달 동안 같은 장소에 서 있으니 녀석에게는 아주 익숙한 횃대인 모양이다. 고개를 이리 까딱 저리 까딱거리며 바닥으로 내려앉더니 날아다니는 곤충을 사냥한다. 그렇게 카메라에 오르내리기를 반복한다. 다 괜찮은데 오늘은 제발 카메라에 똥은 누지 말았으면 좋겠다.

오후 6시가 넘었는데도 아직 하늘이 파랗다. 확실히 해가 길어지고 있다. 오후 6시 25분이 되어서야 "스틉스틉"

일찌감치 나와 늘 같은 자리에 세워 두는 카메라가
지나가는 새들에게는 횃대 같은가 보다.
딱새도 즐겨 앉는다.

소리를 내며 오목눈이 부부가 상수리나무에 내려앉는다. "즈르즈르"거리며 벌새처럼 날갯짓을 하더니 날아다니는 곤충을 잡아먹는다.

오후 6시 33분. 붉은머리오목눈이(뱁새) 무리가 한바탕 주변을 휩쓸고 간다. 테니스장 울타리에 둥지를 튼 이웃 오목눈이 부부가 지나는 길목에 잠깐 근처에 내려앉으니 주인 오목눈이가 곧 싸울 것처럼 날아가 쫓아낸다. 주변이 조용해지자 오목눈이 한 마리는 둥지로 들어가고 짝꿍은 양버즘나무로 내려앉는다. 바깥에 있던 짝꿍은 정신없이 여기저기 날아다니며 주변을 살핀 뒤 6시 50분에 둥지 안으로 들어간다. 점점 둥지로 들어가는 시간이 늦어진다.

DATE : 3월 27일

산란 7일째. 오전 11시부터 종일 비가 온다. 공원에도 인적이 뚝 끊어지고 분주하던 다른 생명들도 잠잠하다.

우산을 쓰고 빗소리를 들으며 오목눈이 둥지가 있는 향나무를 관찰한다. 오후 6시. 빗소리 사이에서도 귀가하는 오목눈이 부부 소리가 들린다. 평소보다 30분 이르다. 비가 내리는데도 주변을 살피고 또 살피며 둥지로 들어간다. 시간은 오후 6시 15분. 입구를 뚫어져라 바라봐도 더 이상 움직임이 없다. 오늘처럼 비 오는 날, 깃털로 가득 채운 둥지 안은 최고의 은신처겠지.

알 크기를 가늠하고자
동전을 놓고 비교해 봤다.

DATE : 3월 28일

산란 8일째. 오전 6시 10분. 딱새와 쇠박새 소리가 안개비를 뚫고 들려온다. 까치도 전용 은행나무에 앉아서 깃털에 묻은 비를 연신 털어 내며 가끔 "까각"거린다. 6시 27분에 오목눈이가 둥지를 나와 경계하며 까치 주변을 어지러이 날아다니자 까치가 바로 자리를 뜬다. 오목눈이 부부는 오늘도 함께 둥지 주변을 살핀 뒤 다정히 날아간다. 오후 3시. 아직까지 오목눈이 부부는 알을 품지 않는 것 같다. 준비가 덜 된 모양이다.

DATE : 3월 30일

산란 10일째. 알을 10개 낳은 날이다. 그런데 이상하게 오늘도 알을 품지 않는다. 몇 년 동안 오목눈이를 관찰한 결과, 둥지에서 나오는 새끼는 대부분 여덟 마리였다. 새끼가 모두 떠난 뒤에 둥지를 들여다보니 부화하지 못한 알도 있었고 죽은 새끼도 있었다. 이런 일을 감안하더라도 산란 10일째 정도면 알을 품을 확률이 높은데 말이다.

산란 11일째. 오전 6시 20분. 오목눈이 부부는 시차를 두고 둥지를 나선다. 오늘 보이는 행동도 다른 날과 별반 다르지 않다. 아직도 알을 품지 않는 걸 보니 예년보다 알을 많이 낳을 건가 보다. 올해는 먹이가 풍부할 거라 믿는지 자식 욕심을 더 내는 모양이다.

해가 저문다. "즈르 즈르르"거리며 부부가 앞서거니 뒤서거니 둥지 근처로 날아와서는 갑자기 날개를 활짝 펴고 꽁지깃도 쫙 펴며 곡예비행을 한다. 스트로브잣나무 솔가지 사이를 요리조리 난다. 둘이 닿을 듯하면 "츠르"거리며 다시 빠르게 날기를 10분. 둥지 근처에 내려앉아서 "쯔르르 츠르르"거리다 다시 소리 없이 벚나무 사이를 날아다닌다. 벚꽃 잎이 날린다. 서로 닿을 듯하면 짧고 강하게 "츠르"거리며 20분을 더 묘기를 부리고서야 암컷이 둥지로 들어간다. 수컷은 "쯔르르 즈르르"거리며 암컷을 호위하고 주변을 꼼꼼하게 살피다가 순간 소리를 뚝 멈춘다. 수컷은 오후 7시가 지나 둥지로 들어간다. 지금까지 오목눈이를 관찰하면서 오늘처럼 격렬하게 나는 모습은 처음 본다. 아마도 알을 품기 전에 치르는 의식 같다.

알을 품다

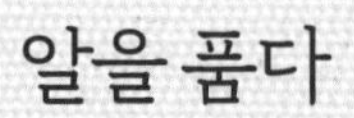

산란 12일째, 포란 1일째. 어제 보인 비행 쇼가 정말 알을 품기 전에 치른 의식이었는지 무척 궁금한데 오전 10시가 넘어도 오목눈이가 나타나지 않는다. 알을 품으면 20~30분마다 둥지를 나왔다 들어갔다 하는데, 혹시 알 품는 시기를 잘못 계산한 건가 싶었지만 늦은 오후부터 행동이 달라진다. 수컷은 둥지로 들어가는 암컷을 호위하고 날아간다. 암컷은 둥지 입구에서 나풀거리는 깃털을 물고 둥지 안으로 들어간 후 10여 분 만에 다시 둥지를 나온다. 둥지를 들

둥지 밖으로 나온 깃털은
꼭 물고 들어간다.

고나는 시간이 아직은 불규칙하지만 알을 품을 때 보이는 행동이다.

오후 6시 40분이 되니 둘이서 함께 둥지로 날아온다. 오늘도 어제처럼 둘이서 둥지 주변 스트로브잣나무 사이를 1분 정도 곡예하듯 날아다닌다. 서로 닿을 듯하면 짧고 강하게 "츠르"거린다. 그렇게 한 바퀴를 더 날아다닌 다음 암컷은 수컷의 호위를 받으며 둥지로 들어가고 1분 뒤 수컷도 하루 일과를 마무리하며 대문(둥지 입구에 있는 깃털)을 닫는다. 날짜를 세어 보면 오목눈이 부부는 알을 12개나 낳은 것 같다. 이런 경우를 관찰한 건 이번이 처음이다. 오늘 오전에 마지막 알을 낳고 오후부터 알을 품기 시작한 듯하다.

포란 2일째. 어제 오후부터 알을 품는다는 걸 알았기에 오늘은 편한 시간에 관찰하러 나섰다.

오전 7시 58분. 오목눈이 부부가 날아온다. 수컷이 먼저 둥지 위 은행나무에 내려앉고 암컷은 둥지 앞에서 날갯짓을 하다 둥지 안으로 들어간다. 수컷은 1분 남짓 둥지 주변을 이리저리 날아다니며 암컷에게 메시지를 전하는 행동을 한다. 6분 뒤 수컷은 상수리나무에 앉아 있다가 둥지 위 은행나무로 다시 날아와 둥지 근처를 맴돌며 둥지 안에 있는 암컷에게 날갯짓을 한다. 위로를 전하는 걸까? 2분 이상 주변을 맴돌다 양버즘나무로 날아가서는 또 그 주위를 맴돈다.

암컷이 알을 품는 동안
근처에서 기다리는 수컷

암컷은 알을 품으러 들어간 지 17분 뒤인 오전 8시 16분에 둥지를 나와 근처에 있던 수컷과 함께 호숫가 쪽으로 날아간다. 둥지를 나온 지 12분 만인 8시 28분에 날아간 방향에서 돌아온다. 앞장서던 수컷은 양버즘나무로 내려앉고 뒤따라온 암컷은 바로 둥지 입구로 내려앉아 주변을 살핀 뒤 둥지 안으로 들어간다.

암컷이 둥지로 들어가자 수컷은 둥지 근처로 날아와 날갯짓을 하고 다시 양버즘나무로 날아갔다가 둥지 위 은행나무 주변을 날아다니며 암컷을 무척이나 위로하는 듯한 몸짓을 보낸다. 3분 넘게 그러다 상수리나무로 날아가 암컷을 기다린다. 오전 8시 47분. 암컷은 19분 만에 둥지에서 나와 상수리나무 쪽으로 날아간다.

오전 9시 13분. 둘이 같이 날아와 수컷은 양버즘나무로, 암컷은 향나무로 내려앉아 주변을 살핀 뒤 둥지 안으로 들어간다. 이번에는 27분 만에 둥지로 들어간다. 어제 오후부터 알을 품기 시작해서 적응하는 시간이 필요한지 둥지를 들고나는 시간이 여전히 불규칙하다.

포란 3~5일째. 흐린 뒤 빗방울이 떨어지더니 제법 많은 봄비가 내린다. 봄비에 바닥은 꽃길이다. 오목눈이가 알을 품는 이 시기에 나무에서는 봄꽃이 핀다. 갑자기 기온이 올라간 탓에 꽃이 순서대로 피지 못하고 며칠 만에 흐드러졌다. 벚꽃 잎이 흩날리는 지금 산수유에는 초록 열매가 달렸다.

이제 암컷이 알을 품는 시간이 일정해졌다. 알을 품으면서부터 부부 행동도 많이 달라졌다. 둥지를 짓는 시기에는 둥지가 있는 향나무 속으로 거침없이 드나들었고, 향나무 속을 들락거리는 다른 새만 경계할 뿐 주변을 그리 신경 쓰지 않았다. 꼭 필요할 때 빼고는 에너지도 소비하지 않으려는 듯 날갯짓도 하지 않았다. 알을 낳는 시기에는 한두 번 깃털을 날랐을 뿐 둥지로 거의 오지 않았다.

알을 품기 시작하고부터는 암컷이 둥지로 들어가기 전까지 수컷은 주변을 세심하게 살피고 벌새처럼 쉼 없이 날갯짓하며 암컷을 배웅한다. 암컷도 쉼 없이 날갯짓하며 신호를 보내고 둥지로 들어간다. 암컷이 둥지로 들어간 뒤에도 수컷은 주변을 맴돈다.

포란 6일째. 열흘 전 관리인이 마른풀을 정리한 뒤로 오목눈이 광장이 말끔해졌다. 원래라면 더 일찌감치 정리하는데 올해는 조금 늦어졌다.

그나저나 풀숲이 정리된 후에도 노랑턱멧새가 계속 이곳을 찾아온다. 노랑턱멧새는 3월 내내 공원 구석 마른풀숲에서 노래했다. 어느 날 암수 한 쌍이 서로 노래를 주고받더니 짝이 됐다. 그 이후 둥지 틀 자리를 찾는지 마른풀숲에 숨어들면 좀처럼 나오지 않았다. 이따금 고양이 때문에 바닥에서 날아오르는 걸 보고서야 노랑턱멧새가 거기 있었다는 걸 알았다.

오목눈이 광장.
마른풀을 베기 전과 후

길고양이도
오목눈이 광장 단골손님이다.

오목눈이 광장을 즐겨 찾아오는
노랑턱멧새(수컷)

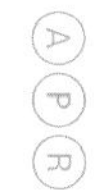

하루아침에 변해 버린 환경에 보금자리를 잃어버린 노랑턱멧새가 안절부절 주변을 헤매며 머물다 날아가기를 반복한다. 그런 모습을 보자니 관리인에게 두 달만이라도 마른풀을 그대로 둬 달라고 미리 부탁하지 못한 게 후회된다. 두 달 정도면 짝꿍하고 결정해 덤불 바닥에다 둥지를 틀고, 알을 낳아 품고, 새끼를 키워 독립시키기에 충분할 텐데.

오목눈이의 궤적은 하루 종일 비슷하다. 가끔 부부가 다른 방향으로 날아가기도 하면서 앞으로 새끼들을 데리고 다닐 반경을 미리 체크라도 하듯이 공원 전체를 샅샅이 누빈다.

포란 7일째. 해 뜨는 시간이 조금씩 빨라져 오목눈이 부부가 둥지를 나오는 시간도 조금씩 당겨진다. 오전 5시 55분 둥지 입구가 들썩거리더니 수컷이 둥지를 나온다. 머리깃도 몸깃도 헝클어져 있다. 수컷은 둥지 주변을 "즈르즈르" 거리며 세심하게 살핀다. 6시 6분에 수컷 신호를 받은 암컷이 둥지를 나와 함께 호수 방향으로 날아간다. 암컷은 8분 만인 6시 14분에 돌아와 둥지로 들어가고 1분 뒤 수컷이 날아와 암컷에게 먹이를 먹여 준다.

오전 6시 40분에 암컷이 둥지를 나와 근처에서 먹이를 찾는데 고양이가 어슬렁거린다. 오목눈이 광장 직원들이 거두는 길냥이로 배가 고파 본 적이 없는 녀석이다. 내 눈치를 보는지 이곳으로 쉽게 들어오지는 못하나 소리도 내지 않고 주변을 돌아다닌다. 오목눈이가 고양이를 보고서 내는 경계 소리는 황조롱이가 나타났을 때 다음으로 강력하다. 오목눈이 부부가 필사적으로 경계하나 고양이는 꿈적도 하지 않는다. 그러다 까치가 깍깍거리며 나타나 공격을 하니 슬금슬금 자리를 뜬다. 오목눈이에게는 까치 또한 천적이니 안절부절 여전히 공격 태세이나 까치는 먹이를 먹으러 온 게 아닌지 바로 날아간다.

천적이 모두 사라지니 오목눈이도 조용해진다. 다시 일상으로 돌아와 둥지 안으로 들어간 암컷에게 수컷이 "스르르릉" 다정한 소리를 낸다. 수컷은 아침부터 고생한 암컷에게 1~2분 간격으로 두 번이나 먹이를 물어다 준다.

이제 알을 품는 시간은 일정하게 20~25분이다. 가끔 20분 정도 먹이 활동할 때를 제외하고 둥지를 나와서 보내는 시간은 10~15분이다. 오늘처럼 까치나 고양이 등 천적이 있을 때는 이들을 쫓아내느라 시간을 많이 쓰기도 한다.

둥지 근처에 천적이 나타나면 소리도 지르지만
부리로 나뭇가지를 사정없이 문지르며 경고하기도 한다.

포란 8일째. 오목눈이 부부는 서로 꼭 붙어 다니며 먹이 활동을 한다. 끝눈(정아)을 따 먹는지 곤충을 잡아먹는지 재주를 부리듯 가지 끝에 매달린 모습이 신기하다.

오전 9시. 오목눈이 부부와 낯선 오목눈이 한 마리가 날아온다. 부부는 특별히 경계하지 않는다. 수컷은 둥지로 들어가는 암컷을 호위하고 다른 오목눈이는 수컷을 따라다닌다. 암컷이 둥지로 들어가자 두 마리는 반대편 서양측백나무로 날아간다. 그러다 낯선 오목눈이는 어디론가 날아가고 수컷은 다시 둥지 근처로 날아와 먹이 활동하며 주변을 맴돈다. 낯선 오목눈이는 부부가 알을 품는다는 소식을 듣고 온 이웃인 것 같다. 아마도 새끼들이 둥지를 나올 때 헬퍼가 되어 주겠지.

알을 품는 시기에 암컷은 꽁지가 ㄴ자로 휜다.

DATE : 4월 10일

포란 10일째. 암컷이 25분 동안 알을 품고 둥지를 나오는데 수컷이 마중하는 소리가 들리지 않는다. 수컷은 뒤늦게 상수리나무로 내려앉으면서 소리를 내지만 암컷이 반응을 보이지 않는다. 다시 둥지 근처로 날아가 신호를 보내는데도 암컷은 역시 반응이 없다. 수컷은 급하게 소리를 내며 호수 방향으로 날아간다. 포란 초기에 수컷은 암컷이 둥지에서 나오는 시간에 딱 맞춰 둥지 입구 근처로 와 신호를 보내고 암컷을 호위했다. 그런데 이제는 가끔 딴짓을 하는지 늦거나 오지 않을 때도 있다. 암컷은 10여 분 만에 둥지로 들어간다. 2분 뒤, 수컷이 미안했는지 신호를 보내며 둥지로 날아와 암컷에게 먹이를 준다.

DATE : 4월 12일

포란 12일째. 비가 많이 내려 은행나무에도 새순이 제법 올라오고, 유난히 묵은 잎이 많이 달려 있던 상수리나무에도 새순이 돋기 시작한다. 비 오는 날은 오후 6시가 넘어가니 둥지로 들어간 수컷도 더 이상 나오지 않는다. 바람도 많이 불고 쌀쌀해 오목눈이도 일찍 하루를 마감한다.

포란 14일째. 바람은 쌀쌀하지만 햇살이 참 좋은 아침이다.

최근 새로이 오목눈이 광장을 이용하는 손님들이 있다. 마른풀을 베고 난 뒤 떨어진 씨앗을 먹으러 오는 집비둘기 세 마리다. 며칠째 매일 방문해도 오목눈이는 진혀 신경을 쓰지 않는다.

오늘도 집비둘기는 어김없이 점심시간에 광장으로 내려앉아 세상 평화롭게 "구구구구"거리며 먹이 활동을 한다. 왜 비둘기는 먹을 때 "구구구구"거릴까 생각하며 신기하게 바라보는데 참매가 소리도 없이 날아든다. 집비둘기 두 마리는 엉겁결에 도망가고 미처 피하지 못한 한 마리는 참매에게 낚여 꼼짝달싹 못하는 지경에 이르렀다. 소리도 내지 못하고 파닥거리는 집비둘기를 참매는 발로 누르며 여유롭게 기다린다. 집비둘기는 가끔 움찔하다가 결국 생명줄을 놓았는지 잠잠하다. 참매는 집비둘기를 움켜쥐고 구석으로 자리를 옮겨 깃털을 뽑는다.

나는 얼떨결에 목격한 광경에 당황해 입만 벌린 채 잠시 얼었다. 도심 한복판 공원 귀퉁이에서 참매가 사냥하는 장면을 보게 될 줄은 상상도 못했다.

오후 1시 15분에 암컷 오목눈이가 둥지를 나온다. 참매에 놀라 "쯔르쯔르" 경계 소리를 높이나 참매는 그 소리가 들리지도 않는 표정이다. 오목눈이는 까치가 나타나면 귀찮을 정도로 까치를 따라다니며 쫓아내려고 하는 데에 반해 참매에게는 가까이 가지 않고 경계 소리만 심하게 낸다. 경계하더라도 최상위 포식자에게는 다가가지 않는 게 낫다는 걸 아는 모양이다.

참매 때문에 잔뜩 예민해진 오목눈이 부부는 둥지 근처로 바로 날아들지 않고 주변을 빙 돌아 양버즘나무로 내려앉기를 반복한다. 광장 단골 까치도 광장에 왔다가 참매를 발견하고는 소리 한번 내지 못하고 순식간에 날아가 버린다.

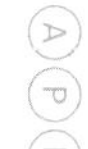

오후 1시 30분. 암컷이 둥지 안으로 들어갈 시간이 지났는데 둥지로 가지는 못하고 계속 "뜨륵뜨륵" 경계 수위를 높인다. 애가 타는 오목눈이에 아랑곳하지 않고 참매는 집비둘기 배 부분 깃털을 사정없이 뽑아 날려 버린다. 참매 멱은 점점 볼록해져 가는데 식사는 끝날 기미가 보이지 않는다. 직박구리도 근처 향나무 열매를 먹으러 날아오다 기겁

참매(왼쪽)가 날아들자 평화롭던 광장이
순식간에 아수라장이 됐다.

을 하고 그냥 지나간다. 붉은머리오목눈이(뱁새)도 무리 지어 이동하다 참매를 보고 놀라 향나무 사이로 재빨리 숨어든다.

오후 1시 37분. 향나무로 숨어든 붉은머리오목눈이 한 마리가 둥지 근처로 지나가는 모습을 보고 상수리나무에서 참매를 경계하던 오목눈이 부부가 잽싸게 향나무로 날아와 붉은머리오목눈이를 쫓아낸다. 아무리 이웃일지라도 둥지 근처를 지나가는 건 몹시 신경 거슬리나 보다. 오목눈이 부부는 붉은머리오목눈이를 쫓아내고도 둥지 근처에는 얼씬도 하지 않고 다시 상수리나무로 날아온다. 참매는 여전히 상수리나무 아래에서 느긋하게 식사를 즐긴다. 참매가 먹는 일에 몰두할 때 오목눈이 암컷은 잽싸게 둥지 안으로 들어가도 될 것 같은데 그건 오목눈이 생존 방식에 어긋나는 행동일까? 오목눈이 부부가 내내 근처를 맴돌며 신경을 건드리나 참매는 눈도 꿈쩍하지 않는다.

오후 1시 45분. 다시 오목눈이 부부가 양버즘나무와 상수리나무 사이를 왔다갔다 한다. 그게 최선인가 보다. 참매는 먹이를 실컷 먹었는지 그 자리에서 먹잇감을 움켜쥔 채 꼼짝도 하지 않고 20분 동안 소화를 시킨다. 그 사이에 나무그늘이 더 넓어져 참매는 더 이상 그늘로 이동할 필요가 없다.

오후 1시 58분. 오목눈이가 상수리나무로 날아와 여전히 참매를 경계한다. 꿈적하지 않고 쉬던 참매가 슬슬 움직이니 오목눈이 부부는 놀라 더 경계 태세를 갖춘다. 참매가 고개를 곧두세우고 몇 번 두리번거린다. 그 모습에 오목눈이 부부는 기겁을 하며 잽싸게 스트로브잣나무 속으로 몸을 숨긴다. 참매는 다시 먹이를 손질한다. 이제는 집비둘기 날개깃를 뽑으려는데 잘 안 되는지 방향을 이리저리 바꿔 가며 휙휙 뽑아 날린다. 참매가 움직이니 오목눈이는 경계 소리를 더 높이지만 허공의 메아리다. 오목눈이 광장에 다른 새는 없고 오직 오목눈이만 필사적이다. 고양이도 보이지 않는다.

오후 2시 10분. 참매가 느닷없이 먹잇감을 챙겨 푸드득 날아간다. 솜 깃털이 여기저기 흩날리자 오목눈이 부부는 "삐르릉 삐르릉"하는 높고 날카로운 소리로 최고 경계경보를 울린다. 가끔 황조롱이가 나타날 때 내는 소리와 비슷한데 수위는 비교가 되지 않게 높다. 광장으로 낯선 사람이 나타난다. 참매가 느닷없이 날아간 이유다. 이 후미진 곳에 온 이유를 물어보니 상수리나무 아래에 도토리가 남아 있으면 주우러 왔단다. 오목눈이 부부의 80분간 사투는 채 2분도 되지 않는 사이에 끝이 났다.

까치가 참매 날아가는 걸 본 것 같은데 굳이 다시 확인하려는지 광장으로 날아온다. 오목눈이 부부는 80분 동안 먹지도 알을 품지도 못했는데 또 다시 전쟁이다. 참매 때와 달

APR

리 까치는 대놓고 경계한다. 까치는 참매가 먹이를 먹던 곳 옆 펜스에 내려앉는다. 오목눈이도 까치를 따라 펜스로 날아간다. 까치는 주변을 살핀 뒤 참매가 먹이 먹던 곳에 슬쩍 내려앉아 다시 주변을 조심스럽게 살피더니 잽싸게 남은 먹이를 챙겨 날아간다.

오후 2시 15분. 까치까지 가고 나니 이제야 오목눈이 광장에 평화가 찾아오고 오목눈이 부부도 한숨을 돌린다. 수컷은 둥지 바로 뒤 은행나무로 날아와 평소보다 더 예민하게 주위를 살핀다. 상수리나무에 있던 암컷도 둥지로 곧장 들어가지 않고 향나무에 내려앉았다가 둥지 가까운 향나무로 한 번 더 날아가 한참 날갯짓하고는 둥지 안으로 쏙 들어간다. 수컷은 여전히 주위를 경계하며 맴돈다. 90분 만에 둥지로 들어갔으니 얼마나 애를 태웠을까? 이곳을 방문한 낯선 손님이 오목눈이 부부에게는 은인이다.

포란 15일째. 어제 참매가 머물다 간 자리에 가 보니 깃털이 수북하다.

새끼가 깨어날 날이 가까워지니 오목눈이 부부도 잔뜩 예민해졌나 보다. 까치가 둥지 근처로 다가가니 대범하게 까치 머리 위를 스치듯 날며 공격한다. 까치가 놀라 얼떨결에 날아간다.

QR코드를 스캔하면
오목눈이 부부가 까치를
경계하는 영상을 볼 수 있어요.

새끼가 깨어나다

부화 1일째. 비가 내린다. 흙비인지 빗자국이 온통 흙물 자국이다. 오목눈이 행동에 변화가 있을 것 같아 조금 느긋하게 왔다. 오전 10시 7분. 수컷이 암컷 먹이를 가져왔는데 암컷이 입구에서 받아먹지 않고 둥지로 가지고 들어간다. 새끼가 깨어났다는 신호다. 10시 17분에 암컷이 수컷에게 무엇을 전달한다. 둥지 안에 있는 암컷이 많이 움직인다. 10시 28분에 까치가 먹이 활동을 하려고 광장에 내려앉는다. 오목눈이 수컷은 덩치 큰 까치와 비교하면 눈에 잘 띄지도 않을 만큼 작지만 까치를 위협하는 모습은 아주 선명하게 보인다. 수컷이 까치와 싸우느라 먹이 공급이 늦어지자 암컷이 고개를 살짝 내민다. 처음으로 새끼가 알에서 깨어난 상황이라 그런지 수컷 경계 소리가 더 강해진다.

오전 10시 47분. 수컷은 둥지로 와서 먹이를 전달하고 잽싸게 날아간다. 새끼가 깨어나니 수컷 행동이 달라진다. 불필요하게 둥지 근처를 서성이지 않고 바로 먹이를 찾으러 간다. 10시 50분. 암컷이 나오지 않자 둥지 주변에서 수컷이 계속 소리를 낸다. "스스스스"거리기도 하고 사랑스럽게 "쓰르르르릉"거리기도 한다. 그 소리에 암컷이 고개를

새끼들 먹이가 늦어지자 암컷이
고개를 살짝 내밀며 수컷을 기다린다.

내밀어 주변을 두리번거리며 경계하고는 쏜살같이 나온다. 암컷이 둥지 밖으로 나온 건 관찰 1시간 만이다. 알을 품을 때와는 행동이 아주 다르다. 암컷은 둥지를 나온 후 7분 만에 먹이도 없이 둥지 안으로 들어간다. 1분 뒤 암컷에게 먹이를 전달한 수컷은 또 쏜살같이 날아가면서 계속 소리를 낸다. 암컷에게 보내는 위로의 노래일까?

오전 10시부터 11시 30분까지 수컷은 먹이를 7번 물어 날랐고, 암컷은 둥지를 한 번 나왔다 들어갔다. 과연 새끼는 몇 마리나 부화했을까?

부화 2일째. 오전 5시 50분. 아빠가 된 수컷은 벌써부터 움직인다. 오늘도 새끼가 깨어나는지 암컷이 알껍데기를 먹는다. 부화 흔적을 없애려는 거다. 그러면서 배고픔도 조금 달랠 수 있을 테지. 오전 6시에 수컷이 새끼 먹이를 가지고 오니 암컷이 몸을 쭉 빼고 얼른 받는다. 4분 뒤, 암컷이 또 알껍데기를 먹고 있는데 수컷이 먹이를 가져온다. 수컷은 암컷이 알껍데기를 다 먹을 때까지 1분 넘게 기다렸다가 먹이를 건넨다. 부화 흔적을 먹어 없애 새끼를 지키려는 암컷, 그런 암컷을 가만히 기다려 주는 수컷. 둘의 모습이 뭉클하다. 암컷에게 먹이를 주고는 수컷은 또 곧장 날아간다.

오전 6시 7분에 수컷이 "삐르르릉"거리며 비상경계 소리를 낸다. 하늘에는 황조롱이가 떠 있고, 바닥에는 까치가 있다. 암컷이 부리에 알껍데기를 문 채로 오물거리는 모습이 자주 보인다. 수컷은 6시 12분, 16분에 연달아 먹이를 나른다. 6시 17분에 암컷이 처음으로 둥지를 나온다. 근처에서 4분 정도 새끼들 먹이를 사냥해 와서는 주변을 아주 세심하게 살피며 둥지로 들어간다. 수컷은 6시 24분에 암컷에게 또 먹이를 전달한다.

오전 6시 26분. 또 새끼가 깨어나는지 암컷 몸놀림이 부산하다. 이번에는 알껍데기를 먹지 않고 둥지 밖으로 물어다 버린다. 부화하는 속도가 빨라 감당이 되지 않는 모양이다. 알껍데기를 버리고 온 암컷은 먹이 없이 서둘러 둥지로 들어가고 수컷은 그 주변에서 삼엄하게 호위한다.

부화 흔적을 없애려고 알껍데기를 먹고 있다.

QR 코드를 스캔하면 암컷이 알껍데기를 먹는 영상을 볼 수 있어요.

오전 6시 34분. 수컷이 먹이를 많이 물고 와 암컷에게 몇 번에 나눠 전달한다. 6시 37분. 또 새끼가 부화하는지 암컷이 알껍데기를 먹는다. 다 먹기까지 2분이 더 걸린다. 어제 오늘 암컷은 알껍데기로 배를 채운다. 이번에 수컷은 암컷에게 먹이를 전달하고 바로 날아가지 않는다. 새끼 똥을 받아 가려고 둥지 안으로 머리를 집어넣는다. 6시 49분. 수컷은 암컷에게 먹이를 전달한 뒤 둥지 안으로 들어갔다 나오고 암컷도 뒤따라 나온다. 채 2분도 되지 않아 거미류로 보이는 먹이를 잔뜩 물고 온 암컷은 역시나 둥지 주변을 아주 세심하게 살핀 뒤 들어간다.

오전 7시에 수컷이 먹이를 가지고 오니 마음이 급한지 암컷은 목을 쭉 빼고 얼른 받는다. 수컷은 다시 둥지 안으로 머리를 집어넣어 새끼 똥을 받아 물고 나가고 암컷도 바로 둥지를 나온다. 이제 본격적으로 새끼 먹이를 찾는 모양이다. 7시 9분에는 부부가 동시에 둥지로 날아온다. 암컷이 먼저 재빠르게 둥지 안으로 들어가 새끼에게 먹이를 주고 나서 기다리는 수컷의 먹이를 얼른 건네받는다. 7시 15분에 수컷이 또 암컷에게 먹이를 전달한다.

오전 7시 19분. 아직도 깨어나는 새끼가 있는지 암컷은 알껍데기를 멀리 물어다 버리고 바로 둥지로 들어간다. 수컷도 알껍데기를 같이 먹어 주면 좋으련만 그러는 모습은 보지 못했다. 7시 23분. 암컷은 먹이를 기다렸는지 수컷이 오자마자 머리를 쑥 내밀고 잽싸게 먹이를 받아 물고 들어간다. 수컷은 전달 과정에서 떨어진 먹이도 주워 다시 건네주고 둥지 안을 살핀 뒤 새끼 똥을 받아 물고 날아간다. 7시 31분, 34분, 37분에 잇따라 먹이를 전달한다. 7시 42분. 암컷이 잠깐 둥지를 나와 먹이를 찾다가 까치를 보고는 쫓아내고 7시 49분에 둥지로 들어간다. 뒤따라온 수컷이 먹이를 건네준다. 7시 53분에는 먹이를 전달한 수컷이 둥지 안으로 들어갔다 나온다.

오전 8시 3분. 먹이를 전달한 수컷이 입구에서 벌새처럼 날갯짓을 하고 날아간다. 새끼들 먹이를 많이 잡아 오겠다는 뜻일까? 8시 15분. 암컷이 알껍데기도 배설물도 없이 둥지를 나선다. 8시 22분. 수컷이 주변을 살피지 않고 둥지 안으로 곧장 들어간다. 둥지 안에 암컷이 없으니 1분 정도 있다가 나온다. 8시 24분. 암컷은 수컷과 달리 주변을 세심히 살핀 뒤 둥지로 들어간다.

오후로 접어드니 암컷이 알껍데기를 먹거나 물고 나오는 모습은 보이지 않는다. 새끼가 다 깨어난 모양이다. 수컷은 암컷이 둥지 안에 없으면 직접 둥지로 들어가 새끼들에게 먹이를 주고 암컷이 있을 때는 암컷에게 먹이를 전달한다.

오후 3시 59분. 이웃집 오목눈이가 찾아왔다. 둥지 입구를 찾아 헤매는 모습이 꼭 주소를 몰라 이 집 저 집 찾아다

둥지를 방문한 이웃집 오목눈이. 헬퍼일까?

새끼에게 먹이려고
다양한 애벌레를 잡아 온다.

니는 것 같다. 새끼가 부화했다는 소식을 듣고 축하해 주러 온 걸까? 겨우 찾은 둥지 입구에 어설프게 앉아 있다가 날아간다.

오후 6시 49분인데 하루를 마감하지 않고 암컷이 둥지를 나온다. 7시가 조금 넘어서 먹이를 잔뜩 물고 둥지 안으로 들어간 뒤 더 이상 나오지 않는다. 7시 10분에 수컷도 둥지 안으로 들어간다. 새끼들이 부화해서 다시 나올 것 같아 캄캄해질 때까지 기다렸으나 더 이상 움직임 없이 고요하기만 하다. 부화 둘째 날도 부부는 둥지 안에서 밤을 보낸다.

부화 3일째. 새끼들이 알에서 깨어난 첫날은 비가 내렸고, 어제는 비가 오락가락했고, 오늘은 비는 오지 않지만 날이 궂다. 벌써 수컷은 둥지를 나와 먹이를 찾고 암컷은 오전 5시 43분에 둥지를 나오며 하루를 시작한다. 암컷은 5시 52분에 첫 먹이를 가지고 둥지로 들어가 30분 이상을 머물다 나온다. 그 사이 수컷은 두 번이나 먹이를 주고 간다. 6시 53분 놀랍게도 암컷이 알껍데기를 물고 둥지를 나온다. 아직도 부화하지 않은 알이 있었다니! 가끔 부화되지 않은 알이 하나씩 남은 경우는 본 적이 있는데 3일씩이나 새끼가 부화하는 경우는 처음 관찰했다. 그 작은 몸으로 알을 12개나 품는다는 사실이 놀랍고, 골고루 알을 품으려고 얼마나 애를 썼을까 생각하니 마음이 애틋해진다. 아직 새끼가 몇 마리인지는 정확히 알 수 없지만 육아 과정을 상상하면 고된 하루 일과가 잇따라 떠오른다.

오늘도 까치는 오목눈이 부부를 성가시게 한다. 새끼가 깨어난 지금은 부부가 까치 턱밑까지 따라다니며 제발 당분간 이곳에 나타나지 말라고 으르렁거린다. 수컷은 오전 8시까지 바삐 움직이다 8시가 지나자 조금 뜸하게 둥지를 오간다. 8시에서 9시 사이에 수컷은 먹이를 4번만 가지고 왔다. 아마도 새끼들 배고픔을 달래 주려 정신없이 먹이를 물어 나른 뒤에야 자기 먹이를 찾는 모양이다.

해가 중천에 떠오르니 광장은 곤충 천국이 된다. 내내 오목눈이 가족의 먹이를 걱정했는데 다행이다. 이 시기에 오목눈이와 먹이 경쟁을 하는 새는 거의 없는 것 같다. 먹이도 많고 다른 새와 먹이 경쟁을 할 필요도 없기에 오목눈이는 이른 봄에 새끼를 키우나 보다. 이 시기에 날아다니는 나비나 잠자리는 날개가 성한 곳이 없다. 춥고 긴 겨울을 얼마나

부화 3일째인데 아직도
알껍데기를 물고 나온다.

수컷이 날갯짓하며 암컷에게
먹이를 가져왔다고 신호를 보낸다.

험난하게 넘겼는지 알 수 있다. 그 탓에 새의 먹잇감이 되기 쉽고 간혹 고양이에게도 괴롭힘을 당한다.

오후 6시 51분에 암컷은 둥지로 들어가고 수컷도 7시 3분에 소리 없이 둥지로 들어간다. 지난해는 일과를 마치는 시간이 오후 6시 정도였는데 올해는 7시에야 하루를 마무리한다. 오늘도 오목눈이 부부는 둥지 안에서 함께 밤을 보낸다.

오늘은 암수 합해서 총 810분 동안 134번 먹이를 물어 날랐다. 평균 6분마다 한 번씩 먹이를 준 셈이다. 암컷이 둥지를 나온 횟수는 38번 정도로 평균 21분마다 한 번씩 둥지를 나왔다. 가장 먹이를 많이 물어 나른 시간대는 수컷은 오전 6시, 오후 3시고 암컷은 오후 2시, 3시, 4시다. 이는 암컷이 오전에는 아직 부화하지 않은 알을 품고 갓 태어난 새끼들의 체온을 유지하고자 둥지 안에 머무른다는 걸 뜻한다. 수컷이 오전 8시대와 오후 5시대에는 먹이를 4번만 물어 나르는 걸로 봐서 이 시간대에는 자기 먹이 활동을 하나 보다.

새끼를 키우다

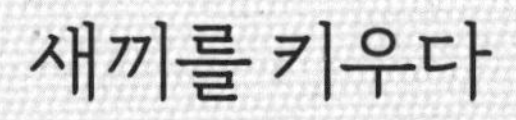

DATE : 4월 19일

부화 4일째. 오후 7시 12분에 암컷은 먹이 없이 둥지로 들어가 하루를 마무리하는데 수컷은 암컷을 배웅만 하고 둥지 안으로 들어가지 않는다. 이제 수컷은 둥지 안에서 밤을 보내지 않는 모양이다.

DATE : 4월 20일

부화 5일째. 오전 5시 37분. 수컷이 둥지로 날아와 암컷에게 신호를 보내며 하루 시작을 알린다. 암컷의 첫 외출 시간은 5시 38분이다. 이른 아침부터 새끼들 먹이 나르느라 아주 바삐 움직인다. 5시 38분부터 7시 10분까지 90여 분 동안 수컷은 23번, 암컷은 6번 먹이를 물어 날랐고 새끼 똥을 물고 나오는 횟수도 잦아졌다. 물고 오는 먹이 크기도 커지고 똥도 제법 크다. 아직은 수컷이 대부분 먹이를 담당하지만 암컷도 둥지 안에 머무는 시간이 점점 짧아져 이제는 10여 분 만에 나온다.

부화 6일째. 오전 6시 50분에 오목눈이 광장에 도착. 일주일 전에 집비둘기가 참매에 희생된 장소에 낯선 오목눈이 한 쌍이 들락거린다. 근처에서 늦게 둥지를 짓기 시작한 오목눈이 부부다. 자세히 보니 남아 있던 집비둘기 깃털을 가득 물고 날아간다. 깃털을 모으러 다니는 일이 만만치 않을 텐데 운수 대통한 기분이겠지. 30분 단위로 계속 날아와 깃털을 챙긴다. 참새 한 쌍도 깃털을 물고 날아간다. 역시나 완전히 횡재했다는 듯 날갯짓이 가볍다. 늦깎이 부부까지 하면 올해는 오목눈이 세 쌍이 이곳 오목눈이 광장 200m 이내에서 번식을 한다.

오전 9시쯤. 원래 있던 오목눈이가 새끼들 먹이를 가지고 정신없이 날아오다가 깃털을 가지러 온 늦깎이 부부와 마주쳐 신경전이 벌어진다. 새끼들을 키우느라 잔뜩 예민해진 오목눈이는 먹이를 문 채로 늦깎이 부부를 찔레나무까지 따라가 쫓아낸다. 호되게 쫓겨난 늦깎이 부부는 오전에는 더 이상 광장에 나타나지 않다가 오후가 되니 다시 슬금슬금 나타나 눈치를 보며 잽싸게 깃털을 물고 날아간다. 새끼를 키우는 오목눈이의 동선과 겹치지 않게 잘 피해 다니며 오후 내내 깃털을 물어 나른다.

이제는 암컷도 둥지 입구에서 새끼들에게 먹이를 주고 둥지 안으로는 가끔씩 들어간다. 어제까지만 해도 수컷은 먹이를 암컷에게 건네주는 일이 더 많았는데 오늘은 직접 새끼들에게 먹이를 먹인다. 벌써 입구로 부리가 살짝 보이는 새끼도 있다.

오후 7시 13분에 먹이 없이 둥지로 들어간 암컷이 7시 16분에 다시 둥지를 나온다. 그리고 다시 둥지 안으로 들어가지 않는다. 아, 이제는 암컷도 둥지 안에서 밤을 보내지 않는구나! 오늘 밤 새끼들은 엄마, 아빠 없이 처음으로 밤을 보낸다.

늦깎이 오목눈이 부부가
집비둘기의 깃털을 물어 나른다.
둘은 꼭 함께 다닌다.

부화 7일째. 오전 5시 40분이 되자 서서히 주변 풍경이 드러난다. 오목눈이 부부가 나지막한 소리로 신호를 보내며 둥지로 왔다가 새끼들 안전을 확인하고 바로 날아간다. 아직 주변은 어둑어둑한데 암컷은 어디서 찾았는지 먹이를 부리 가득 물고 둥지 안으로 들어간다. 이어 똥을 물고 나온다. 오전 6시. 늘 겪는 까치와의 전쟁을 또 한바탕 치른다. 3분에 한 번 꼴로 먹이를 물어 나르느라 분주하다. 이제는 먹이를 주고 바로 똥을 받아 나가는 일이 많아졌다. 이웃 늦깎이 오목눈이도 이른 아침부터 조용히 깃딜을 물어 나른다.

위쪽이 수컷, 아래쪽이 암컷.
수컷이 새끼들에게 먹이를 준 다음
똥을 받아 가려고 기다리는데
그사이에 암컷이 먹이를 물고 왔다.

둥지를 오갈 때 암수 행동 차이

한결같이 주변을 살피며 둥지 안으로 들어간다.
둥지로 들어갈 때 발을 딛는 가지가 정해져 있다.
이런 행동은 공식 같다.

주변을 살피지 않고 직진한다.
암수 모두 정해진 가지만 디뎌서 이런 가지는
이파리도 떨어져 나가고 반질거린다.

부화 8일째. 오목눈이 광장에 도착하니 빗방울이 떨어진다. 이제 암컷은 둥지 안으로 머리를 집어넣지 않고 입구에서 바로 먹이를 준다. 새끼들은 아직 눈도 제대로 뜨지 못했지만 어미 소리를 듣고는 고개를 빳빳이 들고 부리를 쩍쩍 벌리며 먹이를 받아먹는다.

오후 6시 47분. 수컷이 마지막 먹이를 준 뒤 둥지로 오지 않는다. 오후 7시에 오목눈이 부부가 둥지 주변으로 날아왔으나 먹이를 주지는 않는다. 그래도 새끼들은 엄마, 아빠를 기다리는지 아니면 이 시간에 지나가는 붉은머리오목눈이(뱁새) 무리 소리가 신기한지 오후 7시 13분까지 입구로 부리를 내밀고 있다. 어둠이 짙게 내려앉으니 더 이상 입구에서 보이지 않는다. 엄마, 아빠 소리는 근처에서 자그마하게 들린다.

깃털을 물어 나르는 늦깎이 오목눈이 부부는 오늘도 광장에 자주 다녀갔다.

아직 눈도 제대로 뜨지 못한 상태인데
엄마, 아빠 소리에
부리부터 쩍 벌리며 반응한다.

부화 9일째. 오전 5시 40분에 수컷이 먼저 둥지로 와서 새끼들 안부를 확인한 다음 연달아 먹이를 전달한 뒤에야 암컷이 나타난다. 새끼들 먹이 물어 나르느라 정신이 없는 오목눈이 부부는 둥지 근처에서 동선이 겹쳐 서로 부딪힐 뻔하는 일도 다반사다.

이제는 새끼들도 고개를 쭉 빼고 먹이를 받아먹기 때문에 자기들끼리 먹이 쟁탈전이 치열하다. 멧비둘기가 둥지 근처에서 "구구구"거리나 의외로 오목눈이 부부는 신경 쓰지 않는다. 이제 새끼들이 머리를 둥지 밖으로 내밀기 시작해서 부부는 더욱 예민해져 하루 종일 경계 소리가 그치지 않는데 늘 멧비둘기는 예외다. 대신 언제나 그랬듯 까치는 문제다. 오늘은 까치들끼리 싸움이 나서 오목눈이 부부의 신경이 한층 곤두선다. 10분 넘도록 까치와 전쟁을 치르느라 부리에 물고 있던 먹이가 바닥으로 떨어진다. 이런 날은 평소보다 먹이를 물어 나르는 속도가 느려지고 횟수도 줄어든다.

먹이 나르랴 까치 경계하랴 미처 깃털 정리할 시간도 없는지 암컷 꽁지깃에 거미줄이 내내 달려 있다. 나뭇가지 사

암수가 먹이를 동시에 가져왔다.
한 마리가 먼저 먹이를 주고 나올 때까지
다른 한 마리는 날갯짓을 하며 기다린다.

이를 헤집으며 먹이를 찾아다닐 때 붙은 모양이다.

오후 7시 59분에 수컷이 마지막으로 먹이를 준 뒤 날아간다. 바로 이어 암컷이 먹이를 주고 똥을 받아 물고 날아간 뒤 더 이상 오지 않는다. 오전 5시 30분에 하루를 열고 오후 7시가 지나야 날개를 접는다. 하루 14시간 가까이 일해야 새끼들을 배불리 먹일 수 있다.

오늘은 오전 5시 40분부터 오후 7시까지 약 800분 동안 336번 먹이를 날랐다. 2.4분마다 한 번씩 먹이를 물고 나르는 꼴이다. 가장 바쁜 시간대는 밤새 허기진 새끼들 배를 얼른 채워야 하는 오전 5시 40분부터 8시까지다. 140분 동안 99번 먹이를 날랐으니 1.5분마다 한 번 꼴로 먹이를 준 셈이다. 그나마 가장 적게 먹이를 주는 때는 오후 1시 즈음이다. 새끼들이 쑥쑥 자라는 시기여서 먹이는 크고 다양하며 양도 아주 많다.

먹이를 물고 온 수컷. 은행나무에 앉아 암컷이 둥지에서 나오기를 기다린다.

다양한 종류 먹이를 한 번에 엄청 많이 잡아 온다.

부화 10일째. 까치가 일찍 방문해서 오목눈이 부부 신경을 긁고 고양이도 나타나 한바탕 난리를 치른다. 항상 천적과 전쟁을 치르는 게 오목눈이 부부에게는 일상이다.

새끼가 깃털을 머리에 달고 먹이를 받아먹으니 엄마는 새끼에게 묻은 깃털을 떼어 주고 둥지 입구에 있는 깃털도 물어다 버린다. 이제 날씨도 포근해졌고 새끼들도 많이 자라서 둥지에 넣어 뒀던 깃털이 아주 소중한 시기는 지난 것 같다.

오전 7시 25분. 옆 동네에 둥지를 튼 늦깎이 오목눈이 부부가 깃털을 가지러 왔다. 아주 뜸하게 오다가 오늘은 새벽에 와서 가져갈 정도로 깃털이 많이 필요한가 보다. 이제는 새끼 키우는 오목눈이에게 거슬리지 않게 요령껏 잘 물어 나른다. 늦깎이 부부는 함께 상수리나무에 살며시 내려앉았다가 한 마리가 먼저 철망 펜스로 옮겨 간다. 짧은 시차를 두고 또 한 마리가 내려와 미리 내려앉은 짝에게 먹이를 먹여 준다. 알을 낳고 난 뒤 보이는 행동이다. 먼젓번 오목눈이는 항상 나무에서 먹여 줘 자세히 볼 수가 없었는데 그 아쉬움을 늦깎이 오목눈이 부부가 한 번에 씻어 준다. 먹이를 주고받아 먹은 부부는 깃털이 있는 곳으로 살포시 내려앉아 깃털을 물고 다정하게 날아간다. 그리고는 거의 1시간마다 깃털을 물고 가기를 반복한다.

벌써 둥지 입구로 해가 든다. 둥지가 향나무 속에 있어서 빛이 들지 않을 거라 걱정했는데 다행이다. 둥지는 해가 움직이는 방향에 따라 골고루 빛을 받는다. 배부른 새끼들이 햇볕을 쬐는 모습이 세상 평화로워 보인다. 나도 덩달아 마음이 편안해져 졸음이 쏟아진다.

낮 12시 10분경 우연히 새끼가 똥 누는 모습을 봤다. 머리는 둥지 아래쪽으로, 꼬리는 입구 쪽으로 향하게 한 다음 둥지 입구로 몸을 내민다. 그런 다음 다른 새끼들에게 의지해 몸을 뒤집는다. 그러면 배설강이(배설과 생식 기관을 겸하는 구멍) 위로, 꼬리는 밑으로 내려간다. 이 자세로 똥을 누면 똥은 둥지 바깥 바닥으로 떨어져 둥지가 더러워질 일도 다른 새끼들에게 피해를 줄 일도 없다. 혹시나 똥이 바닥으로 떨어지지 않고 나뭇가지에 걸리거나 둥지 주변에 남더라도 어미가 쉽게 물어다 버릴 수 있다.

대부분 새는 엎드려 꼬리를 위로 바짝 들고 똥을 눈다.

대개 둥지가 접시 또는 사발 모양으로 위쪽이 트여 있기 때문이다. 까치집처럼 막혀 있더라도 둥지 안이 넓으면 새끼가 이런 자세로 똥을 눠도 어미가 받아 내기 수월해 둥지를 깨끗하게 유지할 수 있다. 하지만 오목눈이 둥지는 아래위로 길쭉한 타원형에 천장이 있고 앞쪽에 작은 입구밖에 없기 때문에 다른 새처럼 똥을 눌 수도 없고, 치우기도 어렵다. 똥은 위생 문제도 그렇지만 천적에게 노출되지 않기 위해서라도 어떻게든 처리해야 한다. 그래서 오목눈이는 어떻게 똥을 누고 치우는지 늘 궁금했는데 오늘 궁금증이 다 풀렸다.

새끼가 둥지 밖으로 몸을 내밀어
꼬리가 아래로 가게 자세를 잡고
똥을 누면 엄마, 아빠가 수월하게 똥을
받아 나갈 수 있다. 기특하다.

QR 코드를스캔하면
새끼가 똥 누는 영상을
볼 수 있어요.

부화 11일째. 오전 5시 35분에 아빠가 둥지로 왔는데도 새끼들은 조용하다. 엄마는 새끼들을 만나기도 전에 까치를 경계하느라 바쁘다. "스틉스틉"하고 엄마가 먹이를 찾는 소리가 들리니 새끼들도 그제야 잠에서 깼는지 배고프다는 신호를 보내며 입을 쩍쩍 벌린다.

오목눈이 부부는 헝클어진 깃털을 밤새 다듬었는지 깔끔한 모습이다. 또 금방 헝클어지겠지만 잠시라도 단정한 모습을 보니 어쩐지 마음이 놓인다.

헬퍼가 오다

DATE : 4월 27일

부화 12일째. 날이 흐리다. 오늘도 오목눈이 부부는 까치와 한바탕 전쟁을 치르며 하루 시작을 알린다. 새끼들 쑥쑥 자라는 모습이 둥지 입구로도 잘 보인다. 이제 부부는 먹이를 찾으러 멀리 가지 않아도 된다. 상수리나무와 느티나무 잎이 자라면서 애벌레가 흔해졌기 때문이다. 가끔 둥지로 오는 낯선 오목눈이가 눈에 들어온다. 겉모습만 봐서는 부모인지 헬퍼인지 구별하기가 어렵지만 어딘지 행동이 어설픈 걸 보니 부모는 아닌 것 같다.

DATE : 4월 30일

부화 15일째. 비가 내린다. 새끼들이 둥지를 떠날 날이 다가오는데 계속 내릴까 걱정이 앞선다. 새끼들이 깃털을 머리에 달고 입구로 고개를 내민다. 해가 쨍한 날은 둥지 입구에 깃털이 나풀거리면 어미가 치우는데 오늘은 깃털을 그대로 둔다. 깃털이 입구를 가려 보온(과 보안) 효과를 내기 때문이다. 볼수록 과학적으로 지은 둥지다 싶어 감탄사가

절로 나온다. 둥지 바깥으로 머리를 내밀고 있던 새끼들이 비가 머리에 떨어지니 둥지로 쏙 들어간다. 처음 맞아 보는 비에 깜짝 놀란 모양이다. 비가 내려 바깥 날씨는 추워도 둥지 입구는 깃털로 막혀 있고 둥지 안은 깃털로 가득해 포근하겠지. 게다가 새끼들끼리 옹기종기 모여 있을 테니 서로의 온기로 더욱 따뜻할 테지. 그 모습을 상상만 해도 훈훈해져 추위로 언 몸이 스르르 녹는 듯하다.

비를 맞은 까치가 은행나무에 앉아서 비를 연신 털어내며 깃을 다듬고 있으니 오목눈이의 "드륵드륵" 경계 소리가 십 리 밖까지 퍼져 나간다. 오늘도 까치가 근처에 있어 새끼들에게 먹이 주는 시간이 늦어지고 있다. 까치가 날아간 오전 6시부터는 먹이를 나르기 시작한다. 7시까지 1시간 동안 수컷은 25번, 암컷은 22번 먹이를 물어 날랐다. 1.2분에 한 번 꼴로 새끼들에게 먹이를 물어다 준 셈이다. 오후에는 비가 더 많이 내린다.

부화 16일. 오늘도 비가 내리지만 오목눈이 부부는 새벽부터 최선을 다해 먹이를 물어 와 새끼들에게 먹인다. 오전 5시 30분부터 7시까지 약 90분 동안 63번 먹이를 물어 날랐다. 1.4분마다 새끼들에게 먹이를 먹인 셈이다.

비가 서서히 그치는 것 같더니 오후 4시가 될 무렵 다시 내린다. 새끼들은 어제 비를 맞아 봐서 더 이상 무섭지 않은지 입구로 머리를 내밀고는 한참이나 꿈쩍하지 않고 비를 맞는다. 그러다 빗방울이 굵어지니 둥지 안으로 쏙 들어간다. 오늘도 비가 내리니 깃털로 둥지 입구를 가리고 있다.

날씨가 변덕을 부리는 날은
하루 종일 깃털을 치우지 않는다.

부화 17일째. 오랜만에 날씨가 화창하다. 엄마, 아빠가 둥지로 오기도 전인데 새끼들은 깃털을 머리에 달고 둥지 밖으로 고개를 내밀고 있다. 오전 5시 29분에 암컷이 먼저 둥지로 온다. 해 뜨는 시간이 빨라지면서 둥지로 오는 시간도 조금씩 앞당겨진다. 오늘도 오목눈이 부부는 어김없이 까치와 한바탕 전쟁을 치르며 하루를 시작한다.

오전 6시. 갑자기 우렁찬 소리가 들린다. 까치 소리까지 삼켜 버리는 위력의 주인공은 바로 울새. 소리는 오목눈이 광장을 뒤흔들 만큼 크지만 정작 모습은 움직일 때만 살짝

이른 새벽, 새끼가 둥지 밖으로 고개를 내밀었다.
엄마, 아빠를 기다리는 거겠지.

보일 뿐이다. 사실 울새는 몸집이 아주 작다. 저 작은 몸에서 어쩜 저리 큰 소리를 다 낼까 싶다. 오목눈이 부부는 울새 소리 리듬에 맞춰 새끼들에게 부지런히 먹이를 물어다 나른다. 꼭 울새가 오목눈이 부부를 응원하는 것 같다.

오전 6시 50분이 지나자 낯선 오목눈이 두 마리가 방문한다. 새끼들이 둥지를 떠날 날이 가까워진 걸 알고 오목눈이 부부를 도와주러 온 헬퍼다. 부부는 "쯔르르르릉"거리며 반갑게 마중한다. 헬퍼들은 새끼들에게 먹이를 몇 번 물어다 준 뒤에 돌아간다.

오후가 되자 헬퍼는 보이지 않고 다시 까치와 전쟁이 시작된다. 오목눈이 부부는 한 번에 먹이를 잔뜩 물고 오기 때문에 새끼들이 받아먹다가 떨어트리는 일이 많다. 부부는 그걸 다 주워서 다시 먹이고 날아간다. 둥지 주변을 얼마나 청결하게 유지하는지 알 수 있는 모습이다.

오후 6시 40분. 곧 하루를 마감할 시간. 울새 소리도 들리지 않는다. 거미줄이 많은 서양측백나무 울타리 귀퉁이에서 연필을 든 손으로 턱을 괴고 앉아 있는데, 오목눈이가 바로 내 앞으로 날아와 자연스럽게 먹이 활동을 한다. 나를 나무처럼 여기는 듯하다. "스틉스틉"거리며 나무속을 헤집고 다니다 내 연필로 내려앉는다. 연필 위에서 몇 번 이리저리 움직이더니 "즈르"거리며 바로 앞 나무로 날아간다. 너무 놀라 숨도 쉬지 못하고 가만히 있다가 오목눈이가 날아가고 나서야 참았던 숨을 한꺼번에 몰아쉰다. 손에 쥔 연필에 오목눈이가 내려앉았는데도 무게감이 전혀 느껴지지 않았다는 게 놀랍다. 채 몇 그램도 되지 않을 작은 몸으로 하루 종일 그리 바삐 먹이를 찾아다닌 거다.

오후 7시 5분이 되자 까치도 날아가고 암컷 오목눈이는 둥지 근처에서 "쯔르"하고 짧은 신호를 보내더니 상수리나무로 내려앉는다. 거기서 밤을 보내나 보다.

부부가 동시에 먹이를 물고 왔다.
"스틉스틉" 소리가 많이 날수록 물고 오는 먹이 양도 많다.

오목눈이 광장 이웃들

까치

4월 24일 오전 9시. 큰부리까마귀 한 마리가 낮게 날며 지나가다가 까치에게 등을 공격당한다. 큰부리까마귀가 얼떨결에 집비둘기 둥지가 있는 건물로 피하니 까치도 따라 들어간다. 건물 안에서 푸드덕거리는 소리가 요란하게 나더니 까치에게 쫓긴 큰부리까마귀가 겨우 도망쳐 날아간다. 큰부리까마귀에게 저렇게까지 공격하는 걸로 봐서 까치 새끼도 부화한 것 같다.

오후 5시 50분. 손님 까치가 오목눈이 광장에 내려앉는다. 이 까치는 이곳에 자리 잡은 까치 부부보다 덩치가 조금 작다. 슬슬 눈치를 살피며 먹이 활동을 하려는데 주인 까치가 위협적으로 달려든다. 주인 까치가 위협하는데도 손님 까치는 웬일로 바로 날아가지 않는다. 그러더니 "갸르르"거리며 몸을 납작 엎드리고 날개는 반쯤 펴서 복종 자세를 취한다. 그걸 보고는 주인 까치가 더 이상 손님 까치를 위협하지 않고 날아간다. 제 영역에는 먹이가 부실한 걸까, 아니면 영역을 찾지 못하고 떠도는 걸까. 어쨌든 이제는 주인 까치의 허락을 받아서인지 이곳저곳을 편하게 다니며 먹이 활동을 한다.

딱새

이른 새벽, 아직 짝을 찾지 못한 딱새 수컷이 까치가 자주 앉는 나무에 용감하게 앉아서 목청껏 노래 부른다.

4월 26일 오전 5시 20분. 이 무렵 오목눈이 광장에는 홀로 노래하는 수컷 딱새 소리만 들린다. 오래 관찰한 결과 처음에 이 딱새는 노래가 서툴렀다. 그러나 끊임없이 노래를 불러 이제는 제법 잘 부른다. 암컷이 이 수컷의 노래에 귀 기울여 주면 좋겠다.

두꺼비

4월 26일. 며칠 전부터 "끄~ㄱ 끄~ㄱ"거리는 소리가 들렸다. 알쏭달쏭한 그 소리의 주인공이 누군지 내내 궁금했다.

오목눈이 광장 울타리 밖 스트로브잣나무 아래에 앉아 주변을 관찰하는데 두꺼비 한 마리가 내 앞으로 슬금슬금 기어 온다. 숲도 아니고 물가까지 꽤 거리가 있는 이런 곳에 두꺼비가 있다니! 사람에게 밟히지 않고 여기까지 온 게 놀랍다. 홀쭉한 두꺼비는 낙엽조차 지나기가 버거워 보이지만 제 속도대로

봄잠을 자려고 은신처에 도착한 두꺼비는 한 시간이나 걸려 몸을 숨겼다.

천천히 오더니 그루터기가 썩어 가는 곳에 멈춘다. 그리고는 흙 틈으로 몸을 집어넣는다. 마른 상수리 나뭇잎이 몇 개 떨어져 있고 비가 자주 내려 흙은 축축하다. 모습이 보이지 않을 때까지 몸을 숨기는 데에 한 시간이 더 걸린다. 이곳에서 겨울잠을 잔 뒤 호숫가로 가 알을 낳고 다시 봄잠을 자러 돌아온 것 같다. 해마다 5월 5일 어린이날을 전후해 비가 오는 날이면 호수 산책로에 새끼 두꺼비 수십 마리가 돌아다녀 근처 숲으로 옮겨 주곤 했다. 어쩌면 이 두꺼비는 그 새끼들 중 누군가의 어미일지도 모르겠다.

큰부리까마귀

4월 27일 오후 6시. 갑자기 큰부리까마귀 한 마리가 집비둘기 둥지가 있는 건물 안으로 일부러 찾아 들어간다. 며칠 전 까치에게 쫓겨 궁여지책으로 들어갔다가 영리한 큰부리까마귀는 구석구석 비밀을 알아 버린 것 같다. 이곳은 해마다 집비둘기 두 쌍 정도가 드나들며 보금자리를 트는 곳이다. 건물로 들어간 큰부리까마귀는 나올 생각을 하지 않는다. 집비둘기만 푸드덕 날아 나온다. 한참 뒤에야 "까~악"거리는 기분 좋은 소리를 내며 날아간다. 며칠 뒤, 해가 뉘엿뉘엿 넘어갈 무렵 큰부리까마귀 소리가 들린다. 지나가는 줄 알았는데 또 집비둘기가 둥지를 튼 건물로 들어간다. 이번에는 이 영역 까치에게 들켰다. 까치가 그냥 둘 리 없다. 까치 두 마리가 그곳으로 들어가자 큰부리까마귀가 허겁지겁 건물을 빠져나온다. 그 바람에 오목눈이

먹이를 잔뜩 문 채 큰부리까마귀를
경계하느라 정신없는 오목눈이

광장에 몰래 내려앉아 먹이 활동을 하던 이웃집 까치까지 덩달아 놀라 쏜살같이 도망간다. 먹이를 잔뜩 문 오목눈이도 야단이다. 난리도 이런 난리가 없다.

대륙검은지빠귀

4월 28일. 비 온 뒤라 날이 상쾌하다. 점심 무렵, 갑자기 오목눈이 부부가 경계령을 내린다. 까치나 고양이도 근처에 없는데 무슨 일일까? 오목눈이가 심하게 경계하는 스트로브잣나무 근처로 다가가니 몸이 까만 낯선 새가 푸드덕 날아간다. 대륙검은지빠귀다. 세상에, 공원에서 이 새를 보다니! 요즘은 곳곳에서 보인다고는 하지만 아직 쉽게 만날 수 있는 새는 아닌지라 잔뜩 경계하는 오목눈이에게는 미안하지만 좋아서 펄쩍 뛰었다.

오후 3시쯤. 까치와 한바탕 전쟁을 치르고 숨을 고를 새도 없이 오목눈이는 또 경계 소리를 높인다. 대륙검은지빠귀가 다시 나타났기 때문이다. 오목눈이 천적은 아닌 것 같은

드물게 우리나라를
지나가는 나그네새다.

데, 아무래도 낯선 존재인 데다 깃털이 까맣기까지 하니 경계하게 되나 보다. 하긴 텃새인 오목눈이는 나그네새인 대륙검은지빠귀를 본 일이 없을 테니 그럴 만도 하겠다. 오목눈이가 텃세를 부리니 대륙검은지빠귀도 광장에 오래 머물지 않고 호수 쪽으로 날아간다. 내일 한 번 더 볼 수 있으면 좋겠다.

참새

5월 2일 11시. 참새가 깃털 잔해가 널브러진 곳에 내려앉는다. 비에 젖은 깃털이 해가 나면서 마르고 있다. 참새는 둥지 재료를 고를 때 그리 까탈스럽지 않다. 주로 사람 사는 곳 주변에 둥지를 터서 비닐도 잘 사용하니, 하물며 깃털이라면 어떤 것도 과분하게 여기는 것 같다. 붉은머리오목눈이(뱁새)들도 근처를 자주 날아다니지만 그 깃털에는 아예 관심이 없는데 말이다.

둥지 재료로 쓸 깃털을 물었다.

처음 날아오르다

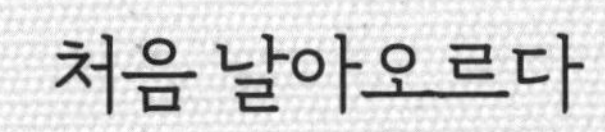

DATE : 5월 3일

입구 쟁탈전

부화 18일째. 오전 5시 20분. 아직 카메라 앵글에 초점이 잡히지 않을 정도로 어둑어둑하다. 이따금 한 번씩 초점이 맞아 깃털로 가려진 둥지 입구가 보이기도 한다. 오목눈이 부부는 새끼들과 아침 인사도 하기 전에 경고 소리로 아침을 연다. 은행나무에서 깃털을 다듬으며 하루를 여는 까치의 행동 자체가 아주 싫은 것 같다. 부부가 계속 주변을 맴돌면서 "드륵드륵"거리니 결국 까치도 자리를 뜬다. 까치는 자기가 망보는 나무(수컷 까치는 영역 경계선에 있는 나무를 하나 정해 거기에 앉아서 주변을 살핀다) 바로 아래에 오목눈이 둥지가 있는 걸 모르는 걸까, 알면서도 모른척하는 걸까? 엄마, 아빠의 경계 소리에 새끼들은 아직 둥지 밖으로 고개를 내밀지는 못하지만 입구 주변에 모여 있는지 입구를 가린 깃털이 들썩거린다.

10여 분이 지나가는데도 여전히 오목눈이 부부는 신경을 곤두세운다. 혹시 오늘 새끼들이 둥지를 나오려는 걸까? 오전 5시 36분. 엄마는 여전히 주변 경계를 서고 아빠는 둥지로 와 새끼들과 아침 인사를 한다. 새끼들도 그제야 둥지 깃털 너머로 고개를 조금 내밀고 "사사사"거리며 인사한다. 이른 아침인데도 새끼들은 거의 둥지를 박차고 나올 기세다. 둥지 밖으로 몸을 절반이나 내민 녀석은 당차 보이기까지 한다.

둥지 밖으로 내민 얼굴들을 보면 생김이 너무 비슷해 누가 먼저 태어났고 누가 나중 태어났는지 구별하기가 어렵다. 하지만 먹이를 받아먹는 순서는 분명하게 있다. 먹이를 한 번 받아먹은 새끼는 둥지 밑으로 미끄러지듯 들어가고 그다음 새끼가 올라온다. 이렇게 순서를 지키지 않으면 모든 새끼가 골고루 먹이를 먹기란 쉽지 않을 거다. 둥지 구조 때문에 자연스럽게 생긴 방식이겠지만 질서정연한 새끼들을 보면 참 기특해 보인다.

둥지 떠날 시기가 다가오니 아침부터 입구 쟁탈전이 치열해 입구가 어그러진다. 입구를 차지하지 못한 새끼들은 입구 천장에다 구멍을 뚫기 시작한다. 이끼와 거미줄로 지은 둥지를 부리로 계속 쪼면 올이 풀리듯 구멍이 생긴다. 그러다 어미가 먹이를 주러 날아오면 잽싸게 입구 쪽으로 나와 먹이를 받아먹으려 애쓰지만 번번이 실패한다. 그러면

또다시 천장 구멍 작업을 한다.

오전 6시. 새끼들이 곧 둥지 밖으로 뛰쳐나올 기세다. 엄마는 6시 3분, 6분에 먹이를 연달아 준다. 먹이를 먹은 새끼는 둥지 입구로 몸을 내밀고 몸을 뒤집어 똥을 눈다. 새끼가 똥을 누는 모습은 보고 또 봐도 신기하다. 입구로 새끼 네 마리가 한꺼번에 얼굴을 내밀며 부리를 오물거리는 모습이 무척 귀엽다. 하품도 하고 부리를 크게 벌려 "사사사사"거리기도 하면서 각자 방식으로 의사표현을 한다. 둥지 밑에서 다른 새끼가 밀고 올라오는지 입구에 있던 새끼들은 자꾸 아래로 내려간다.

새끼들이 금방이라도 둥지 밖으로 나올 기세다.

두근두근! 날 수 있을까?

오전 6시 17분. 기다리고 기다리던 헬퍼가 왔다. 너무 반가워하며 마중하는 오목눈이 부부의 소리가 광장에 울려 퍼진다. 어제는 두 마리가 잠시 왔다 갔는데 오늘은 한 마리만 왔다. 조용하던 새끼들은 헬퍼가 오고서는 둥지 밖으로 몸을 다 내놓고 앉았다. 분위기가 달라진다. 처음으로 둥지를 떠나는 새끼들을 응원하는 소리가 들린다. 엄마, 아빠를 믿고 힘차게 날아보라는 신호일까? 그 소리에 용기를 낸 한 녀석이 몸을 나 내놓고 날아갈 듯하다 안타깝게 타이밍을 놓친다. 그러자 바로 엄마와 헬퍼가 번갈아 와서 먹이도 주고 똥도 물고 날아간다.

오전 6시 21분. 아까 도전했던 녀석이 다시 "사사사사"거리며 둥지를 나와 있다. 둥지 입구에서 나머지 새끼들이 바라본다. 녀석은 박차고 날아가지 못하고 두리번거리며 둥지 위로 어설프게 올라간다. 힘차게 날갯짓하라고 엄마, 아빠가 신호를 보낸다. 그 소리에 힘입어 다시 한 번 시도한다. 멀리 가지 못하고 나는지 걷는지 엉거주춤하게 옆 향나무로 내려앉는다. 그 사이 헬퍼는 둥지에 있는 새끼들에게 먹이를 준다.

둥지를 나온 새끼는 어미가 둥지 안에 있는 새끼들에게 먹이를 주러 오니 냉큼 둥지 쪽으로 다시 날아온다. 다시 한 번 헬퍼가 먹이를 가지고 둥지로 오자 그 사이를 뚫고 오전 6시 35분에 둥지 안으로 쏙 들어가 버린다. 입을 벌리고 먹이 달라고 하는 다른 새끼들을 뚫고 둥지 안으로 들어가는 행동이 황당하기도 하고 귀엽기도 하다. 몇 해 동안 오목눈이를 관찰해 왔지만 이런 행동은 처음 본다. 둥지를 나왔다 15분 만에 다시 둥지로 들어갔으니 어쩌면 나는 연습을 한 걸지도 모르겠다.

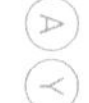

오전 6시 44분. 갑자기 오목눈이 부부와 헬퍼가 하늘을 찌를 듯이 경계 소리를 낸다. 까치 때문이다. 상수리나무에서 오목눈이 광장 경계인 펜스로 그리고 다시 양버즘나무로 까치 뒤를 따라다니며 소리친다. 그 소리에 둥지 입구에 올망졸망 앉아 있던 새끼들도 모두 둥지 안으로 잽싸게 들어간다. 수위 높은 경계 소리가 어떤 뜻인지 알아차렸는지 한동안 새끼들은 잠잠하다. 까치가 날아가고도 5분이 더 지나서야 엄마가 다정한 소리를 낸다. 그제야 둥지 안에서 숨죽이고 있던 새끼들도 몸을 둥지 밖으로 내민다. 새끼 한 마리가 둥지 입구에서 계속 “사사사사”거리며 둥지를 나가겠다고 하는데 엄마는 때가 아니라고 판단했는지 답신을 보내지 않는다.

오전 7시가 지나자 새끼들은 서로 입구를 차지하려고 다시 치열하게 몸싸움을 벌인다. 그때 또다시 들려오는 엄마의 강렬한 경계 소리에 움츠러들며 미끄러지듯 둥지 안으로 들어가 부리만 벌리고 있다. 경계 소리의 대상은 이번에도 까치. 이런 일이 몇 분 단위로 일어난다.

둥지 밑에 있는 새끼들이 입구를 차지한 새끼들 틈으로 올라오려는지 둥지가 들썩거린다. 둥지 입구로 고개 한 번 내밀려면 얼마나 애를 써야 할까? 입구에서 버티고 있던 녀석도 둥지 밑으로 내려가지 않으려고 머리깃을 세우며 신경질을 낸다. 그 모습마저도 앙증맞지만, 그러다 결국 둥지 밑으로 스르르 빨려 들어가고 밑에 있던 새끼 모습이 입구로 보인다. 동그랗게 눈을 뜨고 주변을 살핀다. 바깥세상에 대한 두려움과 호기심이 섞인 표정이다.

주변에서 쇠박새가 “어저저 어저저”거리는 소리가 들린

다. 그 소리에 새끼 오목눈이들이 박자를 맞춰 입을 벌리다가 이내 엄마, 아빠 소리가 아니라는 걸 알았는지 시큰둥해진다.

오전 7시 50분. 정신없이 먹이를 물어 나르던 부부와 헬퍼가 갑자기 "스스스스"거린다. 긴장감 도는 소리에 새끼들이 부산하게 반응한다. 서로서로 둥지 입구를 박차고 나올 듯 몸을 내민다. 부부와 헬퍼가 1분 정도 신호를 보냈으나 새끼들은 나올 듯 말 듯 하다가 또 기회를 놓친다. 새끼들이 아직 준비되지 않은 걸 알아차리고는 바로 신호를 멈춘다.

오전 8시 3분. 신호가 들리지 않았는데 새끼 한 마리가 몸을 둥지 밖으로 다 내밀고는 금방이라도 날아갈 듯 움직이다가 아빠가 먹이 주러 오니 다시 둥지 안으로 빨려 들어간다. 둥지 아래서 밀고 올라오는 새끼들에 밀려서 들어가게 됐지만 입구로 부리는 빼꼼 보인다.

오전 8시 6분. 갑자기 새끼들이 다 둥지 안으로 들어가 모습이 하나도 보이지 않는다. 내가 미처 듣지 못한 엄마의 경고 소리가 있었나 보다. 3분 이상을 둥지 안에서 고개도 내밀지 않고 있다가 슬금슬금 부리가 보이기 시작한다. 엄마가 바빠서 미처 똥을 받아 나가지 못하자 새끼 한 마리가 입구로 나와 둥지 바깥으로 똥을 눈다. 먹이를 주러 온 엄마가 바깥에 떨어진 똥을 물어다 버린다.

오전 8시 30분. 엄마, 아빠와 헬퍼가 나오라는 신호를 한다. 마치 중요한 행사 시작을 알리는 북소리 마냥 이 소리만 나면 둥지에 긴장감이 돈다. 새끼들은 "사사사"거리며 나오라는 신호에 반응은 하지만 정작 몸은 반만 내민 채 계속 망설이기만 한다.

오전 9시 48분. 나오라고 새끼들을 부르는 소리가 다시

온 힘을 다해
까치에게 경고한다.

들린다. 둥지 밑에 있던 새끼들은 위로 올라오려고 애쓰고, 입구에 있는 새끼들은 신호에 잔뜩 긴장한다. 그러다 엄마가 보내는 신호가 경계 소리로 바뀌자 새끼들은 다시 둥지 안으로 쏙 들어간다. 순간 주변이 조용해진다.

오전 10시가 지나자 먹이 주는 일이 이른 아침보다는 조금 뜸해진다. 새끼들도 배가 부른지 그렇게 보채지 않는다. 여전히 새끼들은 둥지 입구로 머리를 다 내놓고 눈을 동그랗게 뜬 채 나오라는 신호를 기다린다.

오전 10시 17분. 까치가 두 마리나 오목눈이 광장에 내려앉는다. 또 전쟁이다. 그 소리에 새끼들도 두려운지 둥지 안으로 알아서 쏙 들어간다. 부부, 헬퍼가 함께 5분이나 경계 소리를 낸 끝에 결국 까치를 내쫓는다. 헬퍼와 아빠는 까치를 끝까지 따라가고 엄마는 둥지로 와서 새끼들에게 먹이를 준다. 그러면서 새끼들 마음도 안정시키는 거겠지. 새끼들은 다시 배가 고파 오는지 엄마 소리만 들려도 둥지 입구를 차지하려고 난리다. 도저히 입구를 차지하기가 어려웠는지 한 마리는 입구 쪽 천장을 뚫어 부리를 내민다. 다른 새끼들은 둥지 옆구리를 뚫기 시작한다.

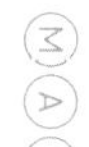

오전 10시 40분. 또! 까치가 왔다. 부부와 헬퍼가 따라다니며 까치를 경계하는데 갑자기 까치가 돌발 행동을 한다. 오목눈이 둥지 근처로 가는 게 아닌가? 평소에는 거의 그러지 않는데. "삐르르릉 삐르르릉" 사이렌 같은 소리가 들린다. 맹금류가 나타났을 때나 내는 오목눈이 최고 경계음이다. 까치에게 이런 소리를 내는 건 처음 봤다. 새끼들도 상황이 아주 급박한 걸 알았는지 둥지 깊숙이 들어간다. 입구 근처로 부리도 보이지 않는다. 헬퍼도 부부를 따라다니며 까치를 향해 소리도 지르고 위협도 한다.

첫 번째 비행 성공

오전 11시가 됐지만 엄마는 아직 안심이 되지 않는지 새끼들을 불러내지 않는다. 오전 11시 24분쯤 둥지 입구 천장이 들썩이더니 부리가 보인다. 밑에 있던 새끼가 둥지 입구에 있던 새끼들 어깨에 올라타서 구멍을 뚫는지 둥지가 자주 흔들린다. 둥지에 구멍을 낸 새끼들은 그 틈으로 부리를 내밀며 먹이를 달라고 신호를 보내지만 엄마는 그걸 미처 보지 못했나 보다. 입구 쪽 새끼들에게만 먹이를 준다. 조금만 더 둥지를 뚫으면 머리도 나올 것 같다.

긴장 태세는 까치가 몇 번이나 더 나타나고 나서야 수그러든다. 부부와 헬퍼가 다시 새끼들에게 나오라고 신호를 보낸다. 입구에 있던 새끼가 둥지를 나와 입구 위에 올라서고는 똥을 눈다. 그러고는 머리깃을 부풀리고 날개깃을 쭉 한번 펴더니 날아간다! 오전 11시 53분. 드디어 오목눈이 새끼가 첫 비행에 성공했다. 오목눈이 광장 주변으로 엄마와 헬퍼의 경계 소리, 처음으로 날아 본 새끼 소리가 몇 분

두 번째로 둥지를 나오는 새끼

동안 울려 퍼진다.

둥지 안의 다른 새끼들도 몸을 쑥쑥 빼고 나올 듯 말 듯 주춤거린다. 첫 비행에 성공한 새끼가 무사히 상수리나무에 내려앉자 엄마와 헬퍼가 번갈아 가며 둥지로 온다. 주변을 살피며 입구에 싸 놓은 똥을 물어다 버리고 새끼들에게 더 늦기 전에 어서어서 나오라고 다시 한 번 신호를 보낸다. 엄마가 둥지로 여섯 번이나 왔다 갔다 하는 사이 다시 새끼 한 마리가 둥지 위로 올라앉는다. 똥을 누고는 용기 있게 날아간다. 두 번째 새끼도 성공이다! 세 번째 새끼도 둥지 입구로 나와 앉아 금방 날아갈 듯하다 등을 돌리고는 둥지 안

둥지를 나온 새끼 두 마리가
상수리나무에 꼭 붙어 앉아 있다.

으로 들어가 버린다. 두 마리가 둥지를 나와서인지 둥지 속은 조금 여유로워 보인다. 엄마, 아빠는 여전히 둥지로 와서 먹이도 주고 둥지 주변에 떨어진 똥도 깨끗이 치운다. 나머지 새끼들은 둥지 입구에서 금방이라도 날아갈 듯 움직이나 아직 떠날 용기는 부족한가 보다.

정오가 지났다. 둥지는 아직 조용하다. 둥지를 떠난 새끼 두 마리가 있는 상수리나무로 직박구리 두 마리가 내려앉는다. 방어할 힘이 없는 새끼들 걱정에 엄마, 아빠는 까치 때보다 더 격렬하게 경계 소리를 낸다. 다행히 직박구리는 바로 날아가고 엄마는 상수리나무로 날아간 새끼들에게 먹이를 준다. 상수리나무에 두 녀석이 사이좋게 붙어 앉아서 먹이도 받아먹고 깃털도 다듬고 다리도 쭉쭉 편다. 태어나서 처음으로 날개를 펴 보는 느낌은 어떨까?

멈칫멈칫 우물쭈물

오후 1시. 오목눈이 부부는 변함없이 둥지로 먹이를 나른다. 나머지 새끼들은 먹이를 받아먹으며 둥지 입구로 나왔다가 들어가기를 반복한다. 긴장감이 돌지는 않고 느긋해 보이기까지 한다. 부부도 때 되면 알아서들 나올 거라 믿는지 억지로 불러 내지 않는다. 새끼 한 마리가 둥지로 몸을 다 내놓고도 우물쭈물하다가 그만 둥지 아래로 떨어질 뻔한다. 놀랐는지 얼른 둥지 안으로 들어간다.

오후 1시 25분. 아빠가 둥지 속 새끼들에게 먹이를 주고 날아가니 둥지 주변을 당당하게 맴돌던 새끼가 둥지로 왔다가 아빠를 따라 다시 날아간다. 이제 둥지를 나온 새끼 두 마리는 자연스럽게 날면서 엄마, 아빠를 따라다닌다. 밥 달

세 번째로 둥지를 나온 새끼가 날지는 못하고 우물쭈물하다 둥지 안으로 다시 들어간다.

라고 보채기도 한다. 1시 52분. 다시 새끼 한 마리가 둥지 입구에 앉았다. 그런데 밀고 나오려는 다른 새끼들 때문에 타이밍을 잡지 못했는지 등을 돌려 둥지 안으로 들어가 버린다. 새끼들은 한 마리씩 돌아가며 둥지 입구에 올라앉아 세상 구경을 한다.

오후 2시. 바람이 세차게 분다. 둥지 속 새끼들은 햇살을 받으며 곤히 낮잠을 잔다. 세상 부러울 것 없이 행복해 보인다. 둥지를 나온 새끼 두 마리는 한자리에서 머물며 조용히 기지개를 펴거나 부리로 깃털을 다듬는다. 엄마가 먹이를 가지고 오면 서로 받아먹겠다고 난리를 피우지도 않는다. 착한 녀석들! 이제 헬퍼는 돌아가고 부부만 먹이를 물어 나른다. 오후 2시 30분에 아빠가 먹이를 주러 둥지로 날아오니 둥지 밖을 돌아다니던 새끼가 쫓아서 둥지로 날아온다. 하지만 둥지에 도착했을 때 이미 아빠는 다시 날아가고 없다. 둥지 속 새끼들이 날아온 녀석을 바라보며 입을 벌리고 뭐라 재잘거린다. 부럽다고 한 걸까? 그런데 정작 둥지 속 새끼들은 나오려고 하지도 않는다.

부부가 상수리나무에
나란히 앉은 새끼들에게
차례대로 먹이를 준다.

아직은 둥지가 좋아

참 이상하다. 오후 3시가 됐는데도 새끼들은 나올 생각을 않는다. 부부도 더 이상 새끼들을 불러내지 않는다. 지난 몇 년 동안 관찰한 결과 대개 헬퍼가 오고 나서부터 2~3시간 이내에 새끼들이 모두 둥지를 떠났다. 심지어 지난해에는 헬퍼가 온 지 30분 만에 새끼들이 다 날아갔다. 개체마다 이렇게 다르다는 게 신기하다. 올해는 모든 새끼가 부화하기까지 3일이나 걸렸으니 둥지에서 나오는 시기도 조금 달라지는 것 같다.

오후 3시 10분. 곤충 한 마리가 둥지 입구 근처에서 날아다니니 새끼 한 마리가 이리저리 고개를 돌리며 눈으로 곤충을 쫓는다. 3시 20분. 참새 한 마리가 오목눈이 광장 바닥에 내려앉는다. 집비둘기가 죽은 지 꽤 시간이 흘렀는데도 날개깃과 꽁지깃이 남아 나뒹굴고 있다. 참새가 채 깃털을 고를 새도 없이 오목눈이 부부가 쫓아낸다. 며칠 전에 왔을 때는 신경도 쓰지 않더니 오늘은 아주 예민하게 반응한다. 참새는 날개깃을 물고 잽싸게 날아간다. 새끼들은 여전히 둥지 입구에서 햇살을 받으며 졸거나 입을 벌리거나 눈

상수리나무에 있던 새끼 두 마리가
용기를 내 맞은편 양버즘나무로 날아간다.
햇볕을 쬐거나 꾸벅꾸벅 조는 모습이 사랑스럽다.

엄마가 날아와 둥지를 떠난
새끼에게 먹이를 준다.

을 동그랗게 뜨고 주변을 살피거나 한다. 새끼들이 여유롭게 지내는 내내 엄마, 아빠는 여전히 바쁘다.

오후 4시. 상수리나무에 있던 새끼들이 맞은편 양버즘나무로 날아간다. 꽤 거리가 있는데 용감하기도 하다. 엄마는 양버즘나무로 날아간 새끼 두 마리에게 먹이를 주러 간다. 잘했다고 칭찬하는 걸까? 10분이 지나 양버즘나무에 있던 새끼 한 마리가 향나무로 날아가니 나머지 한 마리도 따라서 이동한다. 다른 새끼들이 둥지에서 나오지 않으니 오목눈이 광장을 벗어나지 않고 주변 나무로 날아다닌다.

오후 4시 14분. 엄마가 먹이를 가지고 둥지로 날아가니 이소한 새끼 한 마리가 따라서 둥지 근처로 날아든다. 녀석은 엄마가 둥지 새끼들에게 먹이를 주고 날아간 뒤 조금도 망설이지 않고 둥지 안으로 냉큼 들어간다. 아니, 이런 황당한 일*이 또 일어나다니 어리둥절하다. 나머지 한 마리도 날아다니다가 어미가 먹이를 가지고 둥지로 올 때면 근처로 날아오긴 하지만 둥지 안으로 들어가지는 않는다.

도전은 내일 다시!

오후 4시 20분. 박새가 오목눈이 둥지 근처로 먹이를 잡으러 왔다가 오목눈이 새끼들이 목을 빼고 입을 벌리는 모습에 깜짝 놀랐는지 날아간다. 새끼들은 여전히 졸다가 엄마,

* 까치나 백로 종류, 맹금류 새끼는 어느 정도 자라도 바로 둥지를 떠나지 않고 며칠 동안 주변을 돌아다닌 뒤에야 완전히 둥지를 떠난다. 큰오색딱다구리, 꾀꼬리도 새끼가 모두 둥지를 떠나기까지 종종 이틀이 걸리기도 했지만 먼저 나간 새끼가 둥지로 들어간 적은 없었다. 이처럼 대부분 새의 새끼는 둥지를 떠나면 다시 둥지로 들어가지 않는다. 여태까지 관찰해 온 다른 오목눈이 새끼도 그랬기에 오늘 같은 일이 벌어진 게 황당하기도 하고 놀랍기도 하다.

아빠가 오면 반사적으로 입을 벌려 먹이를 받아먹는다. 하루 종일 그 모습을 지켜보는 나도 새끼들이 졸면 같이 졸고 어미 오목눈이 소리가 들리면 놀라 고개를 번쩍 든다. 두 마리가 나갔는데도 둥지가 다시 복잡해졌는지 입구 위쪽 구멍을 자꾸 넓혀 머리를 내미는 새끼도 있다.

오후 4시 50분. 둥지 허리춤이 들썩인다. 입구를 차지하기 힘든 새끼들이 구멍을 내나 보다. 엄마가 먹이를 주러 오니 이번에는 둥지 허리춤에서 새끼 한 마리가 몸을 쑥 빼고는 먹이를 달라고 입을 쩍 벌린다. 하지만 엄마는 미처 그쪽까지 챙기지 못한다. 둥지 허리를 뚫고 나온 새끼는 엄마가 올 때마다 입을 벌리지만 아직 한 번도 먹이를 받아먹지 못했다.

오후 5시 15분. 계속 먹이를 나르던 어미가 "쯔르릉"하고 짧고 날카로운 신호를 보내니 둥지 입구에서 난리 치던 새끼들, 허리춤으로 몸을 내밀던 새끼도 둥지 안으로 들어간다. 황조롱이가 꼬리를 펼치며 오목눈이 광장으로 내리꽂듯이 날아온다. 다행히 둥지가 표적은 아니었지만 부부는 긴장의 끈을 놓지 못한다. 시도 때도 없이 광장으로 까치가 내려앉기 때문이다.

오후 5시 30분. 붉은머리오목눈이(뱁새) 무리가 하필 또 둥지 높이에서 날아 지나간다. 엄마는 잔뜩 경계하지만 새끼들은 신기하나는 듯 입을 빌리고 무리가 지나가는 방향으로 일제히 고개를 돌린다. 새끼 키울 때는 긴장을 놓을 수 없어서인지 천적 관계가 아닌 이웃이더라도 삼엄하게 경계한다. 갑자기 까치가 이소한 새끼 한 마리가 있는 상수리나무로 내려앉는다. 예상치 못한 상황에 놀란 오목눈이 부부의 경계 소리가 하늘을 찌른다. 여기저기서 머리를 내밀고 있던 새끼들도 모두 둥지 안으로 들어간다. 부부의 경계 소리가 얼마나 긴박했는지 다시 헬퍼가 날아와서 함께 까치를 내쫓는다. 다시 돌아온 평화. 이번에는 둥지를 나와 돌아다니던 나머지 새끼 한 마리마저 둥지 허리춤 구멍을 비집고 둥지 안으로 들어간다.

산책 나온 대형견이 멍멍거리자
깜짝 놀랐나 보다. 멀뚱멀뚱한다.

오후 6시. 따르릉! 지나가는 자전거 경적 소리에 둥지 입구로 나와 있던 새끼들이 움찔한다. 멍멍! 이번에는 산책 나온 대형견 소리가 들린다. 새끼들은 놀라서 꿈쩍하지 않고 눈만 말똥거린다. 그래도 둥지 속으로 숨지 않고 꿋꿋이 입구에 앉아 있다.

오후 6시 31분. 저녁식사를 마치고 돌아온 부부가 둥지로 가지 않고 상수리나무에 내려앉는다. 7시가 넘어서도 새끼들은 엄마, 아빠가 보일 때마다 입을 쩍쩍 벌리지만 부부는 더 이상 먹이를 주지 않는다. 7시 8분. 둥지 옆구리에 난 구멍으로 새끼 한 마리가 머리를 내밀고 있다. 꼭 장난꾸러기 같다. 7시 11분. 어미가 둥지 근처로 날아와 "쯔륵뜨륵"거리니 입구에서 머리를 내밀고 놀던 새끼들이 둥지 안으로 쏙 들어간다. 배짱 두둑한 새끼 한 마리는 미어캣처럼 고개를 빼고 한참을 두리번거리다 들어간다.

둥지를 나오다

DATE : 5월 4일

모두 날아오르다!

이소 1일째. 오전 5시. 오늘은 나머지 새끼들도 날아갈 수 있으려나 기대 반 걱정 반으로 오목눈이 광장으로 들어선다. 5시 30분이 지나면서 어렴풋하게 둥지와 새끼들이 눈에 들어온다. 둥지 입구에는 여전히 가리개 깃털이 있다. 그 깃털을 헤집고 네 마리가 고개를 내민다. 입구 위쪽 구멍으로도 한 마리가 부리를 내밀고 있다.

"쯔르 쯔륵 즈르르 즈르르" 멀리서 들리는 엄마, 아빠 소리에 새끼들은 둥지 입구에서 웅성거린다. 엄마가 가까이 날아오자 입구와 둥지 천장 구멍에서 새끼들이 먹이를 달라고 아우성친다. 바로 아빠도 먹이를 주고 날아간다. 새끼 한 마리가 입구를 나와서 둥지 아래쪽으로 이동한 뒤 둥지 옆구리에 난 구멍으로 자연스럽게 들락거린다. 드디어 아빠가 둥지 옆구리를 뚫고 고개를 내민 새끼에게 먹이를 몇 차례 준다. 엄마, 아빠가 계속 먹이를 물어 나르니 새끼들은 점점 더 둥지를 나올 기세다. 어제와 달리 적극적이다. 새끼들은 입구는 물론 둥지 천장 구멍, 옆구리 구멍으로도 몸을 다 내놓고 있다. 세어 보니 여섯 마리나 나와 있다. 둥

지 안에 몇 마리나 더 있을까?

애타게 기다리는 헬퍼는 오지 않고 까치가 둥지 바로 위 은행나무에 내려앉는다. 오늘만큼은 오지 않기를 바랐는데. 까치는 고양이를 물리쳐 줄 때는 든든한 이웃이기도 하지만 그 외에는 고양이만큼이나 무서운 천적이다. 특히 오늘처럼 방어할 힘이 전혀 없는 새끼들이 둥지를 나오는 날에는 더욱 그렇다. 오목눈이 부부가 경계 소리를 높이니 다행히 바로 날아간다.

엄마는 먹이를 몇 번 더 물어 나른 다음, 새끼들에게 나오라고 신호를 보낸다. 그 소리에 덩달아 나도 어깨에 힘이 바짝 들어가고 주먹을 움켜쥐게 된다. 새끼들이 "사사사사" 거리며 둥지 위로 올라온다. 오전 6시 23분. 아직 헬퍼는 오지 않았다. 새끼 한 마리가 나뭇가지로 올라가 똥을 누더니 둥지를 박차고 날아올라 상수리나무에 내려앉는다. 입구에 나와 있던 두 번째 새끼도 용기를 얻었는지 곧바로 상수리나무로 날아간다.

뒤이어 또 다른 두 마리가 날아갈 준비를 하는데 까치가 다시 나타나 그대로 얼어붙는다. 무려 4분이 넘도록 움직이지 않고 숨만 헐떡거린다. 그 모습에 내가 더 긴장된다. 오전 6시 29분. 까치를 쫓아낸 부부가 번갈아 둥지로 와서 먹이를 주고, 둥지 주변에 떨어진 똥을 꼼꼼하게 치운 뒤 날아간다. 곧 돌아온 엄마는 다시 새끼들에게 둥지를 나오라는 신호를 보낸다. 오전 6시 30분. 세 번째 새끼가 둥지를 떠나 상수리나무 옆 스트로브잣나무에 내려앉는다. 둥지 주변은 새끼들을 응원하는 엄마, 아빠 소리와 새끼들이 "사사사사"거리는 소리로 가득하다. 네 번째 새끼가 둥지 옆구

둥지에서 마지막으로 나온 새끼는
상수리나무로 바로 날아가지 못하고
근처 향나무에 내려앉은 다음 날아간다.

리를 박차고 날아올라 상수리나무로 내려앉는다.

다섯 번째 새끼가 둥지 입구로 나와 상수리나무로 날아간다. 이어서 여섯 번째부터 아홉 번째까지가 한꺼번에 상수리나무로 날아간다. 그리고 둥지 옆구리에서 또 한 마리가 날아가고, 입구에서 열한 번째가 상수리나무로 날아가 앉는다. 마지막 열두 번째는 둥지 옆구리에서 나와 상수리나무로 곧장 날아가지 못하고 둥지 옆에 있는 향나무에 내려앉는다. 10분 전에 두 마리가 먼저 나온 뒤 불과 3분 사이에 나머지 열 마리가 모두 무사히 둥지를 나오는 네에 성공했다. 다행히 한 마리도 바닥으로 떨어지지 않았다.

둥지야, 그동안 고마웠어!

새끼가 모두 떠난 둥지는 적막이 흐른다. 반면 새끼들이 날아 모여든 상수리나무는 "사사사사" "샤샤샤샤"거리는 소리로 들썩거린다. 10분 뒤 엄마 오목눈이가 새끼들이 떠난 둥지로 날아온다. 혹시나 하는 마음에 살펴보러 온 거겠지. 내가 지금까지 관찰한 부모 새는 모두 새끼가 둥지를 떠난 뒤에도 몇 차례씩 둥지를 들락거렸다. 오목눈이 부부도 오고 가기를 반복하며 둥지 뒤 은행나무에 내려앉아 주변을 이리저리 살핀다.

오목눈이 가족과 함께 내내 긴장했던 나도 이소에 성공한 새끼들이 옹기종기 앉아 있는 모습을 보며 그제야 잠시 숨을 돌린다. 열두 마리가 다 나온 걸 보니 둥지 여기저기에 구멍을 뚫을 만도 했겠다 싶다. 다 자란 새끼들이 그 작은 둥지 안에 모여 있었다는 게 놀랍다. 그나저나 연녹색 잎으

둥지를 떠난 새끼들이
나뭇가지에 옹기종기 모여 앉아 있다.

로 무성한 나무가 오늘따라 더욱 고맙다. 덕분에 새끼들이 천적에게 들키지 않을 테니 말이다. 그리고 5월 초라기에는 아직 너무 추운 날씨도 우거진 나무가 얼마큼은 막아 줄 테니 말이다.

바깥 생활 시작

오전 6시 50분. 새끼 한 마리가 겁 없이 상수리나무에서 포르르 날아 반대편 측백나무로 간다. 다른 새끼들보다 꼬리가 긴 녀석으로 어제부터 둥지를 들락거렸으니 두려움이 없다. 다른 새끼들은 아직 상수리나무에서 어미가 물어다 주는 먹이를 받아먹는다.

MAY

오전 7시 10분. 어미가 신호를 보내 새끼들을 스트로브잣나무로 불러낸다. 짧은 시간 "스스스스" "사사사" "쯔르르쯔르"거리는 소리가 울려 퍼진다. 아주 가까이에 있는 (어른 걸음으로 채 열 걸음이 되지 않을 것 같다) 스트로브잣나무로 새끼들을 이동시킨 뒤 부부는 다시 먹이를 구하느라 여념이 없다. 정신없는 와중에도 먹이를 골고루 준다.

오전 7시 30분. 날이 흐려 걱정했는데 아니나 다를까 비

두 번째 이동.
서양측백나무와 은행나무에
내려앉아 숨을 잠깐 돌린다.

가 내린다. 더 추워진다. 쇠박새가 "어~저저 어저저"거리며 (번식기에 자주 내는 소리) 지나간다. 오목눈이에게 새끼들 잘 키우라고 응원하는 것 같다.

오선 8시 10분. 또다시 까치가 나타나 한바탕 소란이 인다. 그 소리를 듣고 헬퍼가 왔다. 까치를 물리치는 데에 한몫한다. 새끼들은 조용히 깃털을 다듬고, 날개 힘을 기르느라 기지개도 켜며 각자 부지런히 지낸다.

오전 9시. 다시 헬퍼가 오고 새끼들이 웅성거리기 시작한다. 다시 이동할 모양이다. 몇 미리씩 "스스스스 사사사사"거리며 스트로브잣나무에서 은행나무로, 이어 향나무로 옮겨 간다. 이동하다가 까치가 나타나 어미가 경계 소리를 내니 새끼들도 갑자기 조용해진다. 각자 자리에서 가만히 기다린다. 까치가 날아가자 중간 중간 다른 나무에 내려앉았다가 대왕참나무로 간다. 첫 번째 이동 거리보다는 조금 더 길지만 무리할 만큼은 아니다. 9시 18분에 새끼 열두 마리가 모두 대왕참나무로 내려앉는다.

빗방울이 굵어진다. 대왕참나무 잎이 빗방울을 다 막아주진 못해서 새끼들 날개에 빗방울이 후드득 떨어진다. 따

대왕참나무로 이동.
부부는 여전히 새끼들에게 먹이를 주느라
정신이 없다.

뜻한 둥지에서 갓 나온 새끼들은 얼마나 추울까? 그리고 혹시나 체온이 떨어져 낙오하는 새끼가 생길까 걱정이다. 2016년에 꾀꼬리 새끼가 둥지를 떠나는 날 비가 억수로 내린 탓에 한 마리가 바닥으로 떨어지는 걸 본 적이 있기 때문이다. 새끼들이 추위를 견디려면 신진대사를 활발히 해야 하기에 엄마, 아빠와 헬퍼는 비에 젖은 몸으로 더 열심히 먹이를 물어다 먹인다. 새끼들은 세 무리로 나뉘어서 서로 몸을 맞댄 채 추위를 이겨 낸다. 그중에 세 마리는 비도 아랑곳하지 않고 대왕참나무 여기저기를 누비고 다닌다. 늠름해 보인다.

이동 또 이동

다행히 비가 잦아든다. 오전 10시 20분. 대왕참나무 근처 메타세쿼이아와 복자기나무로 다시 한 번 짧게 이동한 후 10시 40분에 한 번 더 스트로브잣나무로 다 같이 모여든다. 두세 마리가 자리를 잡고 앉아 있으니 여기저기 날아다니던 다른 새끼들이 삼삼오오 이곳으로 모여든다. 어느새 열두 마리가 한 나뭇가지에 쪼로니 앉았다. 모여들 때는 순서대로 착착 앉지 않고 어떤 녀석은 굳이 다른 새끼들이 붙어 앉은 곳을 비집고 들어가 포개듯 앉고, 어떤 녀석은 조금 간격을 두고 앉고, 어떤 녀석은 벌어진 사이에 앉는다. 순서대로 가지런히 앉으면 훨씬 수월할 텐데 싶다가도 굳이 그러는 모습이 귀여워 웃음이 나온다. 나란히 앉은 뒷모습을 보니 꽁지깃 길이가 천차만별이다. 길 건너 버드나무 아래에서 울새 소리가 우렁차게 들린다. 모습은 보이지 않지만 꼭 오목눈이 새끼들을 응원하는 것 같다.

엄마, 아빠는 제법 공간이 넓은 이 스트로브잣나무 일대가 새끼들이 쉬면서 에너지를 보충하기에 알맞은 장소라 여기는지 당장은 이동할 생각이 없어 보인다. 새끼들은 먹

세 번째로 이동한 스트로브잣나무.
새끼들이 깃털을 다듬고 훈련하기에도
딱 좋을 만큼 제법 넓은 곳이다.

이도 받아먹고 날개깃도 다듬고 짧은 거리를 오가며 여유롭게 시간을 보낸다.

새벽에 나오느라 물 한 모금 마시지 못해서 배도 고프고 날도 너무 추워 컨디션이 별로 좋지 않다. 부디 내가 다시 올 때까지 오목눈이 가족이 멀리 가지 않기를 바라며 잠시 집에 다녀온다. 그런데 너무 피곤했는지 나도 모르게 깜빡 잠이 들었나 보다. 화들짝 놀라 시계를 보니 오후 3시 30분이다. 헐레벌떡 스트로브잣나무 일대로 돌아오니 오목눈이 가족은 보이지 않는다. 발을 동동 구르며 한 시간 동안 공원을 한 바퀴 돌았지만 찾을 수가 없다. 울음이 나올 것 같지만 마음을 가라앉히고 생각을 가다듬어 본다.

오전에 이동한 패턴으로 봤을 때 무리해서 멀리까지 가지는 않았을 것 같다. 내가 자리를 비운 건 3시간. 차근차근 예상 동선을 떠올려 보니 공원 호숫가 버드나무로 갔을 가능성이 크다는 판단이 선다. 귀를 쫑긋 세우고 주변을 살피며 예상되는 마지막 동선에서 한참을 서 있는데, 어디선가 익숙한 "사사사사" 소리가 들린다. 소리 나는 방향을 따라서 걸음을 옮기니 내 예상과는 빗나간 곳이다. 호숫가가 아니라 학습원 옆 스트로브잣나무에서 새끼 열두 마리가 먹이를 받아먹으며 놀고 있다. 사람 발길이 잦은 큰길 옆까지 이동할 줄은 몰랐다.

이곳으로 오기까지 동선을 짐작해 보면 수질복원센터 끝 스트로브잣나무에 있다가 지금 이곳으로 오지 않았을까 싶다. 새끼들이 마음 편하게 짧은 거리를 날아다니며 훈련할 수 있는 넓은 공간을 찾아 오래 머무는 것 같다.

모두 고생했어!

오후 5시 30분이 되자 다시 이동한다. 네 번째 머물렀던 스트로브잣나무 숲으로 향한다. 까치가 이제 새순이 돋은 자귀나무에 내려앉으니 어미가 쏜살같이 날아와 "쯔르 뜨르르"거리며 경고 소리를 낸다. 그러자 새끼 열두 마리가 옹기종기 모여 앉아 꼼짝도 않고 기다린다. 까치가 날아가니 다시 활기차게 움직인다.

벌써 오후 6시 35분. 오늘은 더 이상 이동할 것 같지 않다. 엄마, 아빠는 새끼들 주변으로 오지 않고 근처에서 상황을 주시하며 밤을 보낼 거다. 다가가면 새끼들이 요동치니까. 새끼들도 잘 준비를 한다. 멀찍이서 놀던 새끼들은 일찍 자리 잡은 새끼들 틈을 헤집고 들어온다. 긴 시간 둥지 안에서 서로 몸을 포개며 온기를 느끼고 자랐기 때문에 밖에서도 굳이 옹기종기 붙어 앉는 거겠지. 오후 8시가 지나니 퇴근하는 사람들 발길도 뜸해진다. 떨어지지 않는 발걸음을 떼면서 나도 집으로 돌아간다. 다들 무사히 밤을 보내고 내일 아침에 만나자!

QR 코드를 스캔하면
새끼들이 둥지를 떠나는
영상을 볼 수 있어요.

오목눈이 가족, 떠나가다

이소 2일째. 밤새 비가 내려 날씨가 쌀쌀하다. 오전 5시. 밤새 추위에 떨었을 새끼들을 생각하며 한달음에 달려간다. 5시 20분. 어젯밤 새끼들의 보금자리가 되어 준 스트로브잣나무 근처 메타세쿼이아에서 보초를 선 부부가 새끼들에게로 날아온다. 새끼들은 누구는 날개를 쭉쭉 펴며 스트레칭하고 누구는 날개깃을 다듬으며 각자 자유롭게 움직인다.

오전 5시 38분. 이 구역 까치가 하필 새끼들이 밤을 보낸 스트로브잣나무 아래로 내려앉는다. 놀란 부부가 경계 소리를 높인다. 이 소리에 놀란 새끼들은 몇 발짝 떨어진 다른 스트로브잣나무로 일사불란하게 이동해 대열을 가다듬고 숨죽인다. 볼 때마다 놀라운 모습이다. 까치가 날아가자 새끼들은 다시 활기차게 소리 내고 부부는 30분 동안 먹이를 물어 나르느라 정신이 없다. 열 마리는 여전히 옹기종기 모여 있고, 두 마리는 잠시도 가만히 있지 않고 조금씩 날아서 주변을 오간다.

오전 6시 40분. 헬퍼가 오자 다시 이동한다. 잔디 광장에 있는 스트로브잣나무를 지나 중국단풍나무로 날아간다. 여기서는 새끼들이 모이지 않고 한두 마리씩 흩어진다. 7시. 새끼들은 중국단풍나무와 피라칸사나무 사이에 숨어들어 "사사사사"거리며 계속 신호를 보낸다. 부부와 헬퍼는 여기저기 흩어져 들리는 소리를 듣고 잘도 새끼들을 찾아 먹이를 준다. 10분 뒤, 살구나무로 이동한다. 오목눈이 새끼들이 우르르 날아오니 살구나무에서 먹이 활동을 하던 쇠딱다구리와 붉은머리오목눈이가 깜짝 놀라 날아간다.

오전 8시. 부부가 신호를 보내니 새끼들이 일사불란하게 움직여 호수 옆 버드나무로 날아든다. 이 버드나무에서 잠시 머물고 바로 이어서 옆 버드나무로 이동한다. 헬퍼는 새끼들이 날아가는 쪽 길목에서 신호를 보내며 징검다리 역할을 한다. 가장 끄트머리에 있던 새끼는 목적지까지 한 번에 날아가지 못하고 중간 무궁화나무에 내려앉아 조금 걱정스러웠는데 다행히 헬퍼 덕분에 헤매지 않고 끝까지 날아간다. 오목눈이가 대가족을 이룰 수 있는 건 이런 헬퍼가 있기 때문이다. 오목눈이들이 이동하는 길목 텃밭에서 먹이 활동을 하던 촉새가 새끼들을 보고 소리를 낸다. 곤줄박이와 딱새도 지저귄다. 어린 이웃들을 응원하는 걸까?

새끼 한마리가 이동하다가 힘이 들었는지
다른 새끼들을 바로 따라가지 못하고
메타세쿼이아 나뭇가지에서 잠시 앉아 쉬고 있다.

오전 10시. 큰길 옆 스트로브잣나무로 다시 이동한다. 이곳은 울창하고 지금까지 머물며 지나온 곳보다 두 배 정도 넓다. 엄마, 아빠가 부르는 소리에 새끼들이 "스스스스"거리며 줄줄이 모여든다. 새끼들 중에 특히 몇 마리가 유독 부모 소리에 빠르게 반응하고 활기차게 움직인다. 이틀 먼저 깨어난 녀석들일까? 여기서 1시간 정도 머무른다.

오전 11시. 다시 이동. 작은 숲으로 들어가는 초입 벚나무 길로 날아간다. 초록 버찌가 대롱대롱 달려 있다. 새끼들은 11시 30분까지 여기서 머무르다가 금토천 옆 아까시나

엄마, 아빠, 헬퍼를 따라 새끼들도
줄줄이 살구나무로 모여든다.

무 길을 따라 날다 쉬다 하며 작은 숲으로 향한다. 이곳에서 자유롭게 다니다 엄마, 아빠가 먹이를 가져오니 숲 가장자리 옆 신갈나무 높은 가지에 쪼르르 모여들며 쉼 없이 먹이를 받아먹는다. 마침 어린이날이라 주변에서 들리는 아이들의 소리와 오목눈이 새끼들의 모습이 묘하게 어우러진다.

낮 12시 30분에 길 건너 모퉁이 숲으로 가는가 싶더니 오후 1시에 다시 이곳으로 삼삼오오 모여든다. 여기는 사람들이 많이 다니는 길 바로 옆이라 천적이 거의 나타나지 않는다. 한참 시간을 보내기에 알맞은 곳을 잘 찾았다. 새끼들은 여기서 2시간 동안 넓은 반경으로 날아다니며 먹이 찾는 연습을 한다. 번번이 실패하지만 끝없이 도전한다. 그러다 배가 고프면 엄마, 아빠에게 쪼르르 날아간다.

오후 3시 30분. 이동해 온 길을 되돌아 오전 10시에 머물던 큰길 옆 스트로브잣나무로 모여든다. 바로 옆길로 차가 다니고 주변에 예쁜 꽃이 만발해 사람들이 자주 오기에 고양이 같은 천적이 잘 나타나지 않아서 오목눈이 가족 마음에 들었나 보다.

오후 4시 10분. 새끼들이 활기차게 돌아다니는 모습을 보는데 유독 행동이 남다른 녀석들이 있다. 높은 가지에 쪼로니 앉았을 때 수를 세어 보니 뜻밖에도 열네 마리다. 깜짝 놀라 두 눈을 비비고 다시 세어 보는데 다른 가지에 앉은 세 마리까지 더하면 열일곱 마리다. 나도 모르는 사이에 다른 오목눈이 가족도 이곳에 왔나 보다. 새끼들을 데리고 다니다 보면 다른 가족끼리 동선이 겹치기도 하는 것 같다. 아무리 이웃이더라도 철통같이 제 영역을 지키는 까치와는 또 다른 모습이다. 잠시 뒤 어른 오목눈이 네 마리가 와서는 새끼들에게 먹이를 준다. 처음에는 어떻게 자기 새끼를 딱 찾아서 먹이를 주는 걸까 싶었는데 어쩌면 내 새끼 네 새끼 가리지 않고 먹이를 주는 걸지도 모르겠다.

너무 높은 가지에 앉아 있어 관찰하기는 쉽지 않았지만 꽁지깃이 쑥 자라 있고 스스로 먹이 찾는 게 아주 자연스러운 녀석들은 테니스장 울타리에 둥지를 튼 이웃 오목눈이 부부의 새끼들 같다. 이 녀석들은 며칠 일찍 둥지를 나왔다. 이곳저곳 날아다니다가 한 자리로 모여들 때 굳이 붙어 있는 새끼들 틈을 비집고 들어와 앉는 건 이웃 사이여도 똑같

꾸벅꾸벅 졸다가 엄마가 먹이를 가지고 오니 웅성거린다.

아직은 서툴지만 새끼들도
먹이를 열심히 찾는다.
이거 먹는 건가?

다. 이 행동은 보고 또 봐도 귀엽다.

까치가 새끼들이 있는 바닥에 내려앉으려고 한다. 순간 어른 오목눈이 네 마리가 사방에서 달려들 듯 날아오니 까치가 미처 바닥에 닿지도 못하고 바로 날아간다. 공동 육아의 힘이 얼마나 대단한지 제대로 보여 준다. 까치가 쫓겨난 곳에서 천적이 아닌 곤줄박이는 평화롭게 먹이 활동을 한다.

오후 6시가 지나자 해가 넘어간다. 새끼들 몇몇은 엄마, 아빠를 따라 스트로브잣나무 숲 가장자리 밖으로 몸을 드러내기도 하고, 어떤 녀석은 나뭇가지에 껌 딱지처럼 앉아서 엄마, 아빠가 가져다주는 먹이를 받아먹기도 하고, 또 어떤 녀석은 멀리까지 날아갔다가 돌아와서는 다른 새끼들 사이를 비집고 들어와 앉는다. 이제 부부는 먹이를 찾으러 멀리 가지 않고 가까운 곳에서 사냥한다. 새끼들에게 사냥

오목눈이를 비롯한 새의 부리는 케라틴 성분으로 이뤄졌지만 신경이 모여 있어서 감각 또한 발달했다. 그래서 먹이를 먹다가 부리에 묻으면 나뭇가지 같은 곳에 부리를 쑥쑥 문지른다.

법을 알려 주는 거겠지. 엄마, 아빠처럼 새끼들도 먹이를 먹은 후 부리를 가지에 쓱쓱 비벼 대는 모습이 자연스럽다.

오후 6시 30분. 엄마가 "삐르릉 삐르릉 삐르릉 삐르릉 삐르르릉" 길게 경계 소리를 낸다. 소란스럽던 새끼들이 뚝 조용해졌다. 잠시 뒤 엄마가 "'쯔르 즈르륵"하고 경계 푸는 소리를 내니 새끼들도 다시 "스스스스"거리며 활기차진다. 어느새 이웃집 새끼들은 다른 장소로 떠나고 다시 열두 마리만 남았다. 이웃과 함께 밤을 보내지는 않나 보다. 다시 작은 숲 길목으로 이동해 벚나무로 옹기종기 모여든다. 이곳에 오는 건 오늘만 세 번째다. 앞서 두 번은 징검다리처럼 지나가기만 했는데 오늘은 여기서 밤을 보낼 모양이다. 오후 7시. 열 마리는 다닥다닥 붙어 앉았고 두 마리는 위쪽 가지에 앉는다. 부부는 가까운 거리에 있는 버드나무에 자리를 잡았다. 이소 이틀째인 오늘은 어제보다 이동이 잦았고 이동 거리도 4배나 길었다. 어제 들른 곳으로는 한 번도 가지 않았다. 가장 시간을 많이 보낸 참나무 숲과 스트로브잣나무 숲을 오갔다. 바빴던 하루를 벚나무 숲에서 정리한다. 나도 집으로 간다.

잠을 자려고 벚나무로 모여드는 새끼들.
열 마리는 모여 자고, 두 마리는 따로 잘 모양이다.

이소 3일째. 오전 5시 20분이 되자 부부가 주변을 꼼꼼히 살피고 신호를 보내며 새끼들이 잠든 벚나무로 온다. 엄마, 아빠 소리에 일어난 새끼들은 가지 위아래를 오르내리며 밤새 웅그린 몸을 푸느라 시끌시끌하다. "샤샤샤샷" "스스스스" "샤샤샤" "스스스" 열두 마리가 잠을 깨며 내는 활기찬 소리는 규칙이 없지만 아름답다. 몇 분을 분주하게 주변을 날아다니다 다시 조용해진다. 배를 채워야 할 시간이다. 몇 마리는 엄마, 아빠를 따라다니며 밥 달라고 하고 몇몇은 거의 움직이지 않다가 옆 벚나무로 가서는 다시 옹기종기 모여 앉는다. 바깥에 앉아 있던 새끼가 추운지 가운데로 비집고 들어가려고 하다가 순간 균형을 잃었는지 휘청거린다. 다행히 금세 균형을 잡아 끼어 앉는 데에 성공했다.

여전히 모습은 보이지 않지만 울새가 우렁찬 소리로 아침을 알린다. 갑자기 부부가 경계 소리를 낸다. 직박구리가 새끼들이 앉아 있는 벚나무 사이를 헤집고 다닌다. 오전 6시 15분. 주변에 아까시나무가 있는 이곳은 직박구리가 꽃꿀을 먹으려고 수시로 들락거려 위험하다고 판단했

는지 벚나무 주변을 벗어나 이동한다. 호숫가 버드나무로 가서 잠시 머물더니 다시 큰길 옆 스트로브잣나무로 날아간다. 새끼들은 이제 중간에 내려앉는 일 없이 한 번에 날아 이동한다. 새끼들 먹이도 주고 훈련도 시키기에는 이곳이 안성맞춤인가 보다. 이제 새끼들도 스스로 먹이 활동을 한다. 솔가지 새순에 붙은 아주 작은 벌레를 잡으려 애쓰는 모습을 보니 기특하다. 어제 만난 이웃 오목눈이 가족도 다시 이곳으로 왔다. 다들 한 가족인 것처럼 편안해 보인다.

새끼들이 삼삼오오 흩어져 있는데 부부의 경계 소리가 들린다. 까치가 바닥에서 먹이 활동을 한다. 어른 오목눈이 네 마리가 까치에게 소리를 질러대고 머리 위를 스치듯 따라다닌다. 그런데 놀랍게도 테니스장 새끼들 몇 마리는 엄마, 아빠를 따라다니며 같이 소리를 지른다. 아직 엄마, 아빠처럼 분명하게 소리가 나지는 않지만 이렇게 살아가는 법을 배우다니 기특하다. 덕분에 3분 뒤 까치가 날아간다.

오후 6시. 공원8호교 근처 호숫가 버드나무에 모여서

어제 만난 이웃 가족이 다시 모여들었다.

먹이 활동하는 소리가 들린다. 오후에 처음으로 호수를 가로지르는 훈련을 하더니 모두 무사히 호수를 건너 이소 첫날 머물렀던 대왕참나무로 갔다가 오목눈이 광장 옆 스트로브잣나무로 모여든다. 뒤처진 새끼들 없이 열두 마리가 함께 다니는 모습을 보니 너무 감사하다. 이곳에서 30분 정도 머물다 대왕참나무 가로수 길로 이동한다. 길 끝에 있는 대왕참나무로 갔다가 되돌아와 중간쯤에 있는 나무로 모여든다. 엄마, 아빠가 먹이를 물고 나타날 때마다

가지런하던 대열이 흩어지고 서로 받아먹겠다고 야단법석이다. 그 소리에 지나던 사람들이 쳐다본다. 그중에 호기심 많은 한 젊은이가 내게 말을 건다. 길가에 서서 나무를 열심히 올려다보고 있으니 무슨 일인지 무척 궁금했단다. 쌍안경 너머 오목눈이들 모습을 보고 나더니 길가 가로수에 이렇게 귀여운 새가 있을 거라고는 상상도 해 보지 않았다며 감사 인사를 한다. 걸음을 옮기면서도 연신 뒤돌아본다.

오후 7시 13분. 엄마, 아빠가 날아오니 또 새끼들 대열이 순식간에 무너진다. 대여섯 마리는 옆 나무로 이동했다가 원래 있던 곳의 조금 더 높은 가지로 모여든다. 이제 잘 준비를 하는지 서로 다닥다닥 붙어 앉는다. 엄마, 아빠를 보면 새끼들이 여전히 보채기 때문에 부부는 언제나 조금 떨어진 곳에서 밤을 보낸다.

이소 4일째. 오전 5시 20분. 엄마, 아빠 소리에 새끼들이 대열을 흐트러트리며 반응을 보인다. 오늘은 잠에서 깨자마자 엄마, 아빠 신호를 따라 둥지가 있는 스트로브잣나무와 느티나무로 이동한다. 몇 마리씩 잠깐 모여 앉았다가 바로 오목눈이 광장을 가로질러 다른 대왕참나무로 날아간다. 엊저녁에 온 길을 되돌아간다. 호숫가 버드나무로 날아가서는 또 바로 호수 건너 작은 숲 가장자리로 이동한다. 이제는 재빠르게 날아다니기 때문에 눈으로 따라잡기가 힘들다.

오전 7시. 작은 숲으로 들어간 오목눈이 가족은 나무 꼭대기 높이에서 날아다니며 먹이 활동을 한다. 그러다 갑자기 검은댕기해오라기가 숲으로 날아든다. 부부는 경계 소리를 냈다가 위험한 새가 아니라고 판단했는지 금방 잠잠해진다. 새끼들도 금세 웅성거리며 다시 활발하게 활동한다.

오전 7시 30분. 몇몇 새끼들은 힘이 드는지 옹기종기 모여 쉰다. 울새 소리가 숲을 흔든다. 모습을 한번 보여 주면 좋으련만. 8시. 비구름이 몰려온다. 오목눈이 가족도

잠을 자려고 버드나무로 모여들었다.

이제 거의 머무르는 일 없이 빨리빨리 움직이고 동선도 넓어져서 관찰하기가 어렵다. 지금 헤어지면 다시 보기 어려울 것 같아 아쉽지만 떨어지지 않는 발걸음을 애써 떼며 돌아선다.

늦은 오후. 혹시나 싶어 공원을 둘러보는데 큰길 옆 스트로브잣나무에 오목눈이 가족이 있다. 다행히 아직 이곳을 벗어나지 않았다. 오후 7시가 되자 밤을 보내려고 호숫가 버드나무로 모여든다. 잘 자고 내일 아침에 만나자.

이소 5일째. 오전 5시 16분. 엄마가 새끼들을 깨우는 소리, 새끼들이 잠에서 깨는 소리가 들려온다. 버드나무 가지가 낭창거려 새끼들이 움직인다는 걸 알 수 있다. 버드나무 가지를 오가며 몸을 풀고는 아침부터 바로 호수를 건너 숲 가장자리로 날아간다. 멀리서 바라보니 계속 이동한다. "샤샤샤샤" 거리는 소리가 점점 더 멀어진다.

오늘은 바람이 심하게 분다. 오후에 다시 공원에 들러 혹시나 하는 기대감을 품고 귀를 기울여 보지만 오목눈이 가족의 소리는 들리지 않는다. 간혹 늦깎이 오목눈이 부부가 먹이 활동하는 모습만 보인다. 마음을 비웠지만 공원을 두 바퀴나 돌고도 만나지 못하니 서운한 마음이 밀려오는 건 어쩔 수가 없다.

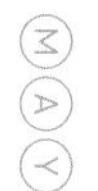

버드나무 사이를 빠르게 날아다닌다.
그새 쑥쑥 자랐다.

이소 6일째. 혹시나 다시 오목눈이 소리를 들을 수 있지 않을까 해서 새벽을 달렸다. 하지만 실패. 어쩐 일인지 울새 소리도 더 이상 들리지 않는다.

꾀꼬리가 작은 숲 가장자리에 자리를 잡으려고 주변을 살핀다. 그러나 까치가 그냥 둘 리 없다. 2시간 가까이나 서로 실랑이를 벌이다 결국 꾀꼬리가 다른 곳으로 떠난다. 텃새 까치 극성에 여름 철새인 꾀꼬리가 공원에 자리 잡기는 쉽지 않다.

어! 오목눈이 소리가 들린다. 그런데 새끼들 소리가 아니다. 내가 관찰하던 가족이 아닐 수 있다고 생각하면서도 가다 보니 느티나무 쉼터까지 다다른다. 아니나 다를까, 늦깎이 오목눈이 부부가 열심히 먹이 활동을 하고 있다.

잠시 아무 생각 없이 의자에 앉아 있는데 바로 앞 느티나무 구멍으로 쇠박새가 들락거린다. 옆 느티나무 구멍에는 참새가 들락거린다. 부리에 먹이를 잔뜩 물고 주변을 경계하며 조심스럽게 다닌다. 새 생명을 키우는 생동감 넘치는 그 모습에 오목눈이 가족을 떠나보낸 '빈 둥지 증후군'이 조금 나아지는 것 같다. 앞으로 자주 와서 살펴봐야겠다.

쇠박새가 새끼 똥을 받아 물고 나왔다.

DATE : 5월 10일

이소 7일째. 오목눈이 가족은 오늘도 보이지 않는다.

DATE : 5월 11일

이소 8일째. 오전 7시. 날씨가 무척 좋다. 혹시나 오목눈이 가족을 만날 수 있지 않을까 하는 마음에 여전히 흔적을 찾으며 공원을 배회한다. 오늘도 금토천 둑길에 서서 반대 방향을 바라보며 기지개를 켜는데 오목눈이 소리가 들린다. 분명히 가족이 이동하는 낯익은 소리다. 동선을 놓칠까 쭉 지켜본다. 반대편 큰길가 벚나무에서 둑길을 내려오며 금토천과 운중천 합류 지점에 있는 버드나무로 모여든다. 그러더니 엄마, 아빠 소리를 따라 새끼들이 일제히 날아 자전거 도로를 건너 느티나무 쉼터 옆 도로변 스트로브잣나무로 날아든다. 우르르 몇 마리가 앞장서고 뒤따라 줄줄이 날아간다.

설레고 애타는 마음으로 그곳을 향해 정신없이 달린다. 도착하니 "스스스" "샤샤샤" 거리는 소리로 생동감이 넘쳐

이제 꽁지깃도 쑥 길어졌고 볼살도 빠졌다.
잘 자란 모습으로 공원을 활기차게 누빈다.

흐른다. 새끼들은 며칠 사이에 어린 티를 다 벗었다. 포동포동한 살이 빠지고 꽁지깃도 쑥 자라 길쭉하고 깃털도 우중충해졌다. 여전히 엄마, 아빠가 먹이를 물어다 주는 모습이 보이기는 하지만 먹이를 달라고 달려들면 부부는 피해 다닌다. 독립 시기가 가까워진 것 같다. 다 함께 모여 쉬는 모습보다는 먹이를 따라 우르르 날아다니는 모습이 더 많이 보인다. 아직은 부모 그늘에 있지만 다들 독립해도 잘 지낼 거라 믿는다. 나는 이제 정말 이 가족을 떠나보내기로 한다.

이소 후 이동 동선

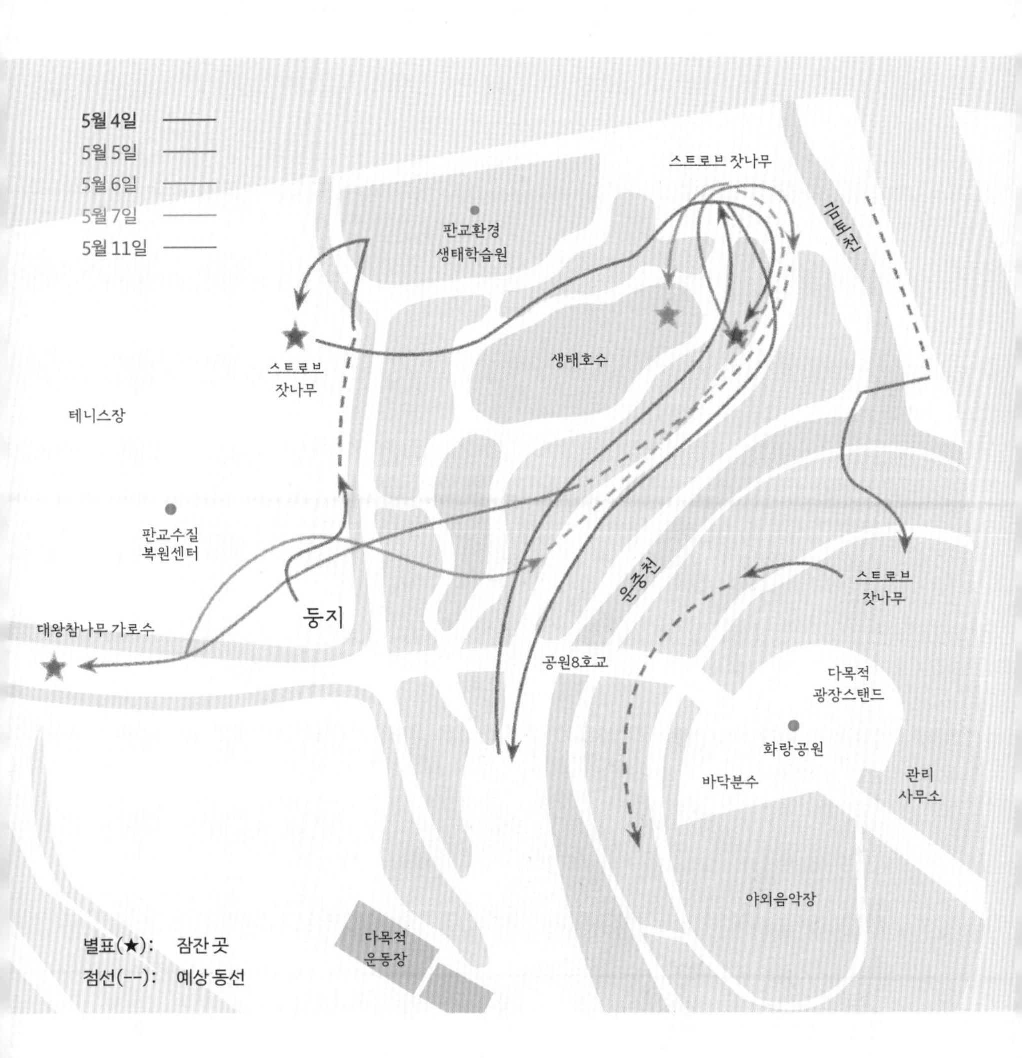

5월 4일
5월 5일
5월 6일
5월 7일
5월 11일
스트로브 잣나무
판교환경
생태학습원
금토천
스트로브
잣나무
생태호수
테니스장
판교수질
복원센터
운중천
스트로브
잣나무
둥지
대왕참나무 가로수
공원8호교
다목적
광장스탠드
화랑공원
바닥분수
관리
사무소
야외음악장
다목적
운동장
별표(★): 잠잔 곳
점선(--): 예상 동선

오전 7시. 여전히 그냥 공원에 나와 두리번거리게 된다. 호수 앞 버드나무 근처에서 "스스스스"거리는 소리가 들려온다. 아주 어린 오목눈이 소리다. 아! 늦깎이 오목눈이 부부가 새끼들을 데리고 나왔구나! 아직 솜털이 뽀송한 새끼 여덟 마리가 버드나무 가지에 쪼로니 앉아 있다. 부부는 먹이를 물어 나르느라 정신이 없다. 새로운 오목눈이 가족의 앞으로 모습이 머릿속에 그려진다.

늦깎이 오목눈이 부부의 새끼 여덟 마리가
둥지를 나와 처음으로
바깥세상과 마주했다.